助农致富系列丛书

U0742765

经济鱼类高效养殖与疾病防治技术

韩雨哲◎主编

JINGJIYULEI GAOXIAO YANGZHI YU
JIBING FANGZHI JISHU

中国纺织出版社有限公司

图书在版编目（CIP）数据

经济鱼类高效养殖与疾病防治技术／韩雨哲主编
. --北京：中国纺织出版社有限公司，2024.4
（助农致富系列丛书）
ISBN 978-7-5229-1367-4

Ⅰ.①经…　Ⅱ.①韩…　Ⅲ.①经济鱼类—鱼类养殖
Ⅳ.①S96

中国国家版本馆 CIP 数据核字（2024）第 033806 号

责任编辑：闫　婷　金　鑫　　责任校对：寇晨晨　　责任印制：王艳丽

中国纺织出版社有限公司出版发行
地址：北京市朝阳区百子湾东里 A407 号楼　邮政编码：100124
销售电话：010—67004422　传真：010—87155801
http://www.c-textilep.com
中国纺织出版社天猫旗舰店
官方微博 http://weibo.com/2119887771
三河市宏盛印务有限公司印刷　各地新华书店经销
2024 年 4 月第 1 版第 1 次印刷
开本：880×1230　1/32　印张：5.5
字数：120 千字　定价：49.80 元

《经济鱼类高效养殖与疾病防治技术》
编委会

主　编　韩雨哲　大连海洋大学
副主编　赵小然　大连海洋大学
　　　　谷　晶　大连海洋大学
编　委（按姓氏笔画排序）
　　　　王悦晗　大连海洋大学
　　　　吴　涤　大连海洋大学
　　　　谷　晶　大连海洋大学
　　　　宋亚娟　大连海洋大学
　　　　赵小然　大连海洋大学
　　　　韩雨哲　大连海洋大学

前　言

　　经济鱼类养殖在渔业产业中扮演着至关重要的角色。这些鱼类不仅为全球范围内的消费者提供了丰富的蛋白质来源，同时也对各国经济产生了显著的影响。随着人口的增长以及消费者对高质量水产品需求的不断增加，养殖经济鱼类的重要性日益凸显。

　　经济鱼类养殖不仅能够提供稳定和可控的鱼类来源，还可以通过优化养殖条件，如水质、温度和饲料，来提高鱼类的生长速度和品质。随着养殖技术的进步，如循环水养殖系统和自动化饲料投放，养殖效率和盈利能力得到了显著提升。技术进步在提升养殖经济鱼类的效率、产量和品质方面起着关键作用。通过不断的科技创新和技术应用，养殖业能够更加可持续地发展，同时为消费者提供更高质量的产品。未来养殖业有望实现更高的生产效率和环境可持续性。这不仅对于满足全球日益增长的水产品需求具有重要意义，也为养殖业的可持续发展和渔业产业的繁荣打开了新的可能性。

　　本书提供了先进的经济鱼类养殖技术和病害防控技术，旨在协助养殖者提高生产效率、增加产量，并改善养殖鱼类的品质，同时提升养殖的可持续性。本书详细介绍了现代养殖业中的一些新技术及其实践，包括循环水养殖系统、自动化饲料投放、水质管理、疾病控制以及生态养殖方法等。

　　每一章节专注于特定主题，从基础知识到实用技术，逐步引导读者深入了解经济鱼类养殖的各个环节。书中还强调了可持续水产养殖的重要性，包括减少对自然资源的依赖、提高能源效率、减少环境影响等方面。通过展示最新的研究成果和案例研究，本书还探讨了养殖

1

业未来的发展趋势。

与此同时,本书着眼于经济鱼类高效养殖的理论知识与实践技能的有机结合,为养殖从业者提供了对生物学原理、生态系统、养殖技术以及市场需求的深入理解。通过理论与实践的融合,本书旨在培养读者的全面能力,使其能够在养殖领域取得成功。我们期望本书能够帮助读者更加有效地养殖经济鱼类,同时促进对水生生态系统的深入理解和保护。

本书内容涵盖了鱼类基本生物学知识以及高效养殖技术等方面,为一线养殖从业人员、基层水产技术管理人员以及其他水产业相关人员提供了一定的基础理论和实践参考。通过本书,我们致力于为养殖业者提供全面而实用的知识体系,以支持他们在养殖实践中不断提升自己的技术水平和管理能力。

本书由韩雨哲统稿,赵小然、谷晶、王悦晗、吴涤、宋亚娟共同参与编写。在编写和视频录制的过程中,得到了辽宁省北方鱼类应用生物学重点实验室、叶仕根、熊玉宇、韩贵舟、何嘉乐、郭思聪、丁铭等及相关养殖企业和水产技术推广部门的大力支持,对此表示深深的谢意。尽管编写人员在书稿的制作过程中付出了巨大努力,并经过多次审校修订,但错误和疏漏难免存在,敬请广大读者在使用过程中批评指正。

我们殷切地希望,本书的出版能够为水产养殖一线从业者提供一定的参考和指导,同时为农业产业结构转型及水产养殖产业的高质量发展提供支持。在未来的发展中,我们将不断努力改进,为读者提供更为优质、实用的内容,以促进水产养殖业的可持续发展。感谢各方的支持与厚爱。

编　者
2024 年 1 月

在解决病害问题时,执业兽医师可以根据实际情况确定最佳治疗方案。在生产实际中,所用药物学名、通用名和实际商品名称有差异,药物的剂型和规格也有所不同,建议读者在使用每一种药物前,参阅厂家提供的产品说明书以确定药物的用法、用量、用药时间、注意事项及休药期等。——出版者注

目　录

第一章 经济鱼类的生物学

经济鱼类资源丰富，获取方式简便，经济效益可观，在很多地区广泛养殖。新时期，中国水产品养殖技术水平不断进步，养殖效益不断提高。中国经济鱼类种类较多，经济价值与开发价值较高，营养丰富，可较好满足人们的需求。经济鱼类的生物学是研究其规模化生产的重要基础，本章主要介绍经济鱼类生物学相关的内容。

第一节 鱼类的摄食

在自然水域或者混养塘当中，不同鱼种的感觉机能和作用方式不同，食物结构和摄食对象之间也存在明显的差异，两者相结合，决定了在相同的条件下，不同的鱼种无论是在摄食欲望、摄食能力、摄食强度还是开口时段方面都会有不同的表现，其最终的结果，就可能是优势鱼种或者鱼群的出现。

一、摄食习性

除在生命周期的初期有一个依靠卵黄及混合营养维持生命的阶段外，经济鱼类均需要依靠外界环境中的动植物或腐殖质等获得营养。

淡水经济鱼类是指在淡水水域中生长、繁殖和饲养的经济鱼类。它们的摄食习性对于水产养殖和水域生态系统的维持都具有重要意义。食物种类、摄食方式、摄食量、摄食时间、温度和氧气含量、光照、水质、季节和气候、鱼类行为等方面都会影响淡水经济鱼类的摄食习性。

（一）食物种类

淡水经济鱼类主要摄食浮游生物、底栖动物和植物。其中，浮游生物包括浮游藻类、浮游动物等，底栖动物包括底栖昆虫、底栖软体动物、底栖甲壳类等，植物则包括水生植物、陆生植物等。不同的淡水经济鱼类对于食物的种类和需求也有所不同。

海水经济鱼类的食性是多种多样的，它们的食物来源和营养需求也各不相同。根据食性分类，主要有以下几种：

（1）肉食性鱼类：这类鱼主要以其他动物为食。它们的食物包括小型鱼类、无脊椎动物、甲壳类、软体动物、鱼类卵子等。

（2）植食性鱼类：这类鱼主要以藻类、海草、海菜等植物为食。它们的食物包括各种海藻、底栖植物等。

（3）杂食性鱼类：这类鱼的食物来源比较广泛，包括动物和植物。它们的食物包括小型鱼类、无脊椎动物、甲壳类、软体动物、藻类、海草、海菜等。

经济鱼类的食物选择受到多种因素的影响，包括猎物种类、猎物大小、猎物营养价值、水质等。在选择食物时，鱼类通常会优先选择易获取、高营养价值的猎物，如小型鱼类、浮游生物和底栖动物等。同时，经济鱼类也会根据环境条件调整食物选择，例如在富营养化的海域，鱼类会更倾向于选择浮游生物和底栖动物等高营养价值的食物。

（二）摄食方式

淡水经济鱼类主要有游泳觅食、潜伏摄食和底栖摄食等摄食方式。游泳觅食是指鱼类在水中游泳时，通过口部对食物进行捕捉和摄食。潜伏摄食是指鱼类隐藏在草丛、石头或其他遮蔽物中，等待猎物靠近后进行捕食。底栖摄食是指鱼类在底部寻找食物，通过口部将底部的食物送入口中。

海水经济鱼类主要有游泳觅食、潜伏摄食、底栖摄食和主动捕食等摄食方式。与淡水经济鱼类相似，游泳觅食是指鱼类在水中游泳时，通过口部对食物进行捕捉和摄食。潜伏摄食是指鱼类隐藏在草丛、石头或其他遮蔽物中，等待猎物靠近后进行捕食。底栖摄食是指鱼类在底部寻找食物，通过口部将底部的食物送入口中。而主动捕食则是指鱼类通过追逐和捕杀猎物来获取食物。

海洋经济鱼类的摄食习性也是各有特点，主要表现在以下几个方面：

（1）觅食行为：鱼类觅食的行为多种多样，有的鱼类有固定的觅食场所，如某些海域的珊瑚礁、海底洞穴等，有的鱼类则会进行大规模的觅食迁移，如大马哈鱼溯河而上产卵。

（2）追逐行为：在捕食过程中，有的鱼类非常凶猛，如鲨鱼，它们会追逐猎物直到捕获。而有的鱼类则比较谨慎，如一些小型鱼类，它们会迅速游过海底的障碍物以避免被捕食者袭击。

（3）互动行为：在摄食过程中，鱼类之间也会产生各种互动行为，如合作捕食、竞争抢食等。合作捕食的鱼类会通过群体协作将猎物围堵在角落里，然后共同分享食物。竞争抢食的鱼类则会为了争夺食物而展开激烈的争斗。

（三）摄食量

经济鱼类的摄食量受到多种因素的影响，如鱼的种类、水温、氧气含量等。通常情况下，鱼类的摄食量会随着水温的升高而增加。

同时，不同的鱼类对于食物的需求量也有所不同，有些鱼类在养殖过程中需要每天喂食，而有些则可以隔天喂食。

养殖鲑苗种的摄食

（四）摄食时间

经济鱼类的摄食时间也会受到多种因素的影响，如季节、气候、水温等。在适宜的水温和光照条件下，淡水经济鱼类通常在白天进行摄食，而在夜晚或光照不足的情况下，则很少摄食。此外，不同的淡水经济鱼类也有不同的摄食高峰期，例如有些鱼类在清晨和傍晚的摄食量较高，而有些则在中午的摄食量较高。

（五）温度和氧气含量

经济鱼类的摄食习性与温度和氧气含量密切相关。一般情况下，随着水温的升高，鱼类的代谢率会增加，从而需要更多的氧气来维持正常的生理功能。因此，在高温季节或强光照射时，需要增加供氧量，以保证鱼类的正常摄食和生长。

（六）光照

光照对于经济鱼类的摄食习性也有一定影响。有些鱼类喜欢在光线充足的水域活动，因为这有助于它们寻找食物和感知周围环境；而有些鱼类则喜欢在光线较暗的水域活动，因为这可以减少天敌的发现。适当的光照可以促进鱼类的生长和发育，但过强或过弱的光线都可能影响鱼类的摄食习性，因此需要根据不同的鱼类种类和养殖环境进行合理调控。

（七）水质

水质对于经济鱼类的摄食习性具有重要影响。良好的水质可以促进鱼类的生长和发育，并且可以提高鱼类的免疫力，从而减少疾病的发生。同时，水质的好坏也会影响鱼类的口感和营养价值，因此需要选择适合的养殖环境和管理方法来保证水质的质量。

（八）季节和气候

季节和气候的变化也会影响经济鱼类的摄食习性。在春季和夏季，随着水温的升高和光照时间的增加，鱼类的代谢率会提高，摄食量也会相应增加。而在秋季和冬季，随着水温的下降和光照时间的减少，鱼类的摄食量也会相应减少。此外，极端的气候条件也可能影响鱼类的摄食习性，例如在暴雨和大风等恶劣天气下，鱼类的摄食活动可能会受到抑制。

（九）鱼类行为

有些海洋经济鱼类具有集群行为，它们会在特定的时间和地点聚集在一起，形成大规模的群体，如沙丁鱼、蓝点马鲛。这种行为可能与鱼的繁殖、觅食、避难等有关。此外，不同种类的鱼在交流和保护领地方面也有各自独特的行为表现。

经济鱼类的摄食习性是多种多样的，它们在摄食过程中与水体生物和环境之间建立了复杂的关系。了解这些习性和特点可以帮助我们更好地进行养殖和管理，提高鱼类的生长速度和品质，同时也有助于保护生态环境和维护生态平衡，促进可持续渔业发展。

二、摄食强度、摄食节律和食量

（一）摄食强度

1. 食物的充塞度

用目测法观察消化道所含食物的比重和等级，可以估计摄食强度。目前常见的标准是将食物的充塞度分为6级，这里介绍以鲤鱼为代表的鲤科经济鱼类的分级标准：

0级：空消化道或消化道中有极少量食物。

1 级：部分消化道中有少量食物或食物占消化道 1/4。

2 级：全部消化道有少量食物或食物占消化道 1/2。

3 级：食物较多，充塞度中等，食物占消化道 3/4。

4 级：食物多，充塞全部消化道。

5 级：食物极多，消化道膨胀。

2. 充塞指数（饱满指数）

表示摄食强度的另一种方法，是用食物重量来阐明营养状况。

$$充塞指数 K = 食物团重／鱼体重 \times 100\%$$

为了减少食物团引起的误差，鱼体重常用去内脏重。公式中凶猛的肉食性鱼类常用 100 作为系数，而其他食性鱼类可采用 10000 作为系数。

（二）摄食节律

经济鱼类摄食的数量、方式以及方法不一，但是都具有一定的规律。每天中摄食强度有很大变化，一般视觉摄食鱼白天摄食量大于晚上，但白天通常也不是一直在摄食，一天中也有高峰和低谷；而嗅觉、触觉摄食鱼则相反，可能晚上摄食量大于白天。对经济鱼类摄食节律的研究，有助于对养殖经济鱼类的投饵时间的确定。

（三）食量

以一次摄食量来看，多数凶猛经济鱼类的食量是惊人的，捕到食物就饱吃一顿，将胃充满，当胃放空时，再行捕食；多数温和性鱼类的摄食量比较均匀；以浮游生物为食的鱼类，在生活中常不断地摄食，它们的胃没有明显的放空，但饱食后有一个停食时间。研究鱼类的食量，一般用日粮，即 24h 摄食量占其体重的百分数。

通常用直接计算法研究凶猛性和以较大动植物为主食的经济鱼类的日粮。在实验室水族箱内，将实验用鱼饥饿 24~48h，然后将定量过的食物投入实验水族箱内，统计 24h 内被吃食物的重量或者个数，即是此种鱼类的日粮。通过对日粮的了解，可以帮助确定饲料的需要量。

第二节 鱼类的年龄

年龄鉴定是研究经济鱼类生物学和生态学特点的基础。在研究鱼类生长、摄食、繁殖、洄游等各种生命活动中若不与年龄相联系，就无法了解它们在整个生活史的不同阶段与外界环境的联系特点和变化规律。

鱼类的年龄可以直接在封闭的小水体通过定期饲养获得，也可以在天然大水体中通过标志放流的方法获得，但更多情况下，需通过间接方法获得。常用的间接鉴定年龄方法有长度频数分布法和年轮标志鉴定法。

一、长度频数分布法

本方法的原理是，在同一水体、同一年出生的鱼，大部分个体的生长率相似。因而，不同年代出生的鱼具有明显不同的体长范围。在自然环境中，由于自然死亡和捕捞等原因，某一世代的鱼在出生后第一年个体数量总是最多，随着时间的推移其数量逐渐减少而长度逐年增加。根据这个规律，人们提出了由鱼类的长度鉴定年龄的方法。

具体鉴定方法为，从大批渔获物中进行随机测量，在坐标纸上以长度为横轴，尾数为纵轴，绘出其长度分布曲线，曲线上形成的每一个峰代表一个年龄组。

但该方法的使用有一定的局限性，一是要求样本数量要大，另外如果雌雄生长速度不一致时，需分开作图。二是由于网具的选择及其他原因，捕捞的鱼很难包括所有的年龄组，而且鱼类进入缓慢生长期后，长度往往出现重叠现象。但该方法适合用于无法用鳞片等材料鉴定年龄的鱼。

二、年轮标志鉴定法

该方法的依据是鱼在一年的生活过程中，生长有规律的不均衡性。鱼是变温动物，生长特性之一有明显的季节周期变化。尤其是温带鱼类，春夏季水温上升，饵料丰富，代谢旺盛，生长快。秋冬季水温下降，饵料少，代谢缓慢，甚至完全停止生长。第二年春季又进入迅速生长阶段，一年中生长表现出明显的不均衡性。这种有规律的不均衡性，反映在鳞片、耳石及一些骨骼的增长过程中，就留下了标志——年轮。根据年轮数的多少就可以确定鱼类的年龄。

鱼体上的很多硬组织可用于进行年龄鉴定，其中鳞片具有易取、对鱼损伤小、观察方便等优点，是使用最多的鱼类年龄鉴定材料。但有些鱼鳞片上年轮不规则，甚至有些鱼类本身无鳞，还有些鱼类的高龄鱼鳞片边缘上会出现"年轮重叠"现象，这些都会影响年轮的鉴定。这时就得用鳍条、脊椎骨、耳石等其他鱼体上的硬组织材料鉴定鱼类年龄。

（一）用鳞片鉴定鱼类年龄

（1）年轮的类别：不同鱼年轮的类别不一样，有多种形式，常见有以下几种。

切割型：同一年形成的环片通常互相平行，不同年份形成的环片群走向不同，因而引起切割现象，即当年形成的环片群被次年形成的环片群所切割，形成了"切割现象"，切割处即为年轮（图1-1）。

疏密型：鱼类在同一年中，生长迅速时，环片排列稀疏；生长

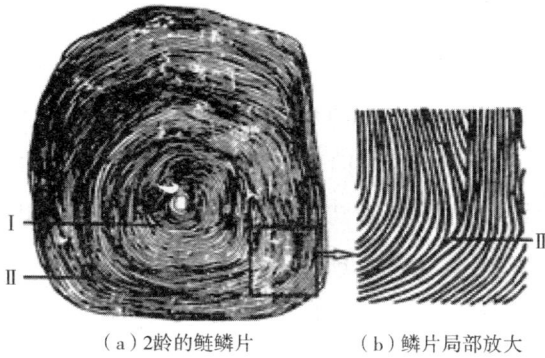

（a）2龄的鲢鳞片　　　　（b）鳞片局部放大

图 1-1　切割型年轮（引自苏锦祥等，1995）

Ⅰ—第一年轮　　Ⅱ—第二年轮

缓慢时，环片排列紧密，形成疏密两个轮带，上一年的密带和下一年的疏带交界处为年轮（图 1-2）。

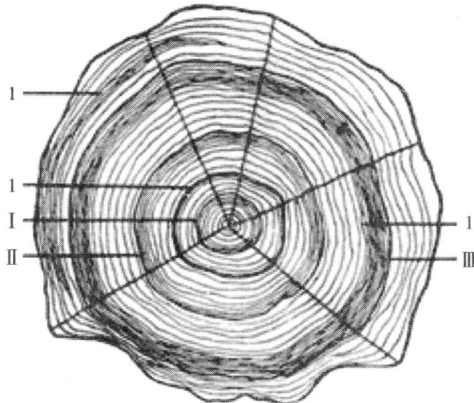

图 1-2　疏密型年轮（引自易伯鲁，1982）

1—副轮

Ⅰ—第一年轮　　Ⅱ—第二年轮　　Ⅲ—第三年轮

此外还有间隙型、分枝型、乱纹型、碎裂型等。

（2）副轮（假轮、附加轮）：副轮是鱼在一年当中的生长，引起了非周期性的偶然的改变而形成的，如外因（水温变化、饵料丰歉）、内因（疾病等）等原因而形成的类似年轮特征的痕迹。副轮与年轮的区别为，没有年轮清楚，不是每个鳞片上都能看到，副轮出现时，疏带的宽度较正常的狭窄。

（3）鳞片的采集和处理：此方法最好用新鲜鱼，但冷冻或浸制标本也可以用。一般在背鳍下方和侧线上方的部位采取，该部位的鳞片通常形状规则、年轮特征较明显。应采集形状规则、环片清晰的鳞片，10个左右即可。编号后装入鳞片袋，之后进行清洗、观察。

（二）用鳍条鉴定鱼类年龄

此法通常采用背鳍、臀鳍或胸鳍上的粗大鳍条、棘为材料，最好采用新鲜材料。离鳍条基部 0.5~1.0cm 处切下 2~3mm 一段，再将其磨成两面光滑，以在显微镜或解剖镜下可见宽、窄相间排列的条纹为止，窄带与下一年形成的宽带的交界处即为年轮。

（三）用脊椎骨鉴定鱼类年龄

不同鱼类年轮在椎体上的清晰程度不一样，最好将椎体全部检查一遍，之后决定采用第几个椎骨为宜。将分离后的椎骨水煮或在氢氧化钾中浸泡 1~2d（夏天 2%、冬天 0.5%），然后放入酒精或乙醚中脱脂。晾干后，在椎体中央的斜凹面上有宽阔的宽带或狭窄的窄带相间排列，窄带与下一年形成的宽带的交界处即为年轮。

（四）用耳石鉴定鱼类年龄

用于鉴定鱼类年龄的耳石为位于球状囊中的矢耳石，摘取时需先确定球囊的位置，之后破坏球囊壁，取出耳石。耳石有的较薄，可直接用肉眼或在显微镜下观察；有的较厚，需经切断、磨薄等加工处理后再观察（需通过中心切断）。耳石也为宽窄带相间排列，窄带与下一年形成的宽带的交界处即为年轮。

（五）用支鳍骨鉴定鱼类年龄

一些鱼类的某个鳍条的支鳍骨会显著膨大，取出后横切，可在其横断面上看到宽窄带相间排列的轮纹，窄带与下一年形成的宽带的交界处即为年轮。

（六）用鳃盖骨、匙骨鉴定鱼类年龄

一些鱼类的鳃盖骨、匙骨等也可用于鉴定鱼类年龄。将这些扁平骨片取下后，经水煮、晾干后观察，可在其表面上看到宽窄带相间排列的轮纹，窄带与下一年形成的宽带的交界处即为年轮。

三、年龄的计算

年龄的计算方法有多种形式，但以新年为界可更确切表达其出生年代。具体方法为年轮形成后到 12 月底观察到的年轮数即为年龄数，如鳞片上形成 1 个年轮后外方又有新增生的环片，表示为 1^+ 轮，其年龄为 1 龄；次年年初到年轮形成前，年轮数仍为 1^+ 轮，但因已进入新的一年，需将观察到的年轮数加 1 才为其年龄数，即此时 $1^+ = 2$ 龄；当正值年轮形成时年轮数即为其年龄数。

第三节　鱼类的繁殖生物学

一、经济鱼类的生活史及发育期

经济鱼类的生活史是指自精卵结合，直至衰老死亡的整个生命过程，也称生命周期。经济鱼类的生活史可以划分若干个不同的发育期。各发育期在形态构造、生态习性及与环境的联系方面各具特点，卵生鱼类可分为六个时期。

（一）胚胎期（embryo）

自精卵结合至孵出前。

（二）仔鱼期（larva）

仔鱼孵出开始。

（三）稚鱼期（juvenile）

当仔鱼发育到体透明等仔鱼期特征消失，各鳍条初步形成，特别是鳞片形成过程开始，便进入稚鱼期。

（四）幼鱼期（young）

鱼体鳞片全部形成，鳍条、侧线发育完备，体色、斑纹、身体各部比例等外形特点以及栖息习性等均和成鱼一致。

（五）成鱼期（adult）

自性腺初次形成开始。

（六）衰老期（aged or senlity）

此期没有明显的界限，一般指机能衰退、体长接近渐近值。

二、繁殖与早期发育

繁殖与早期发育是鱼类生活史中重要环节，包括亲鱼性腺发育、成熟、产卵或排精，到精卵结合孵出仔鱼及仔鱼发育的整个过程。研究经济鱼类的繁殖与早期发育是对其进行人工繁殖与苗种培育的理论基础。

多数鱼类的性别表现为雌雄异体，即在完成性别分化后的个体体内仅存在卵巢或精巢一种性腺。许多雌雄异体的鱼类在外形上很难识别性别，但有些经济鱼类的雌雄可通过检查其第一性征来鉴别区分。第一性征是指那些直接与本身繁殖活动相关的特征，除了体内的精巢、卵巢外，还有位于体外的板鳃鱼类雄性的鳍脚、鲶形目鱼类雄性的交配器、鲤科雌性鳑鲏鱼所具有的产卵管等。

三、性腺发育

（一）性腺发育过程

性腺发育过程指精卵从形成到产出以及伴随的性器官机能化的整个过程。多数鱼类第一次性成熟后，每年性腺成熟一次，表现出周期性，这在温带鱼类中尤为明显。对性腺发育过程的研究，通常以代表性更强的卵巢为主，现将常用的性腺发育分期方法介绍如下：

1. 组织学法

通过组织切片，以卵子（精子）形成过程中的组织学特征为依据，将性腺发育和成熟过程划分为 6 期，用大写罗马数字Ⅰ～Ⅵ表示。该方法准确，但费时。

2. 目测法

依据性腺发育不同期相所表现的外部形态特征划分，也分Ⅰ～Ⅵ 6 个不同的分期。该方法简便，用时较少。

3. 性腺成熟系数（性腺指标）

除上述分期外，成熟系数也是衡量性腺发育的一个标志。性腺的重量是表示性腺发育程度的重要指标，它以性腺重与体重之比来表达性腺发育状况，即：

性腺成熟系数 ＝（性腺重/去内脏鱼体重）×100%

一般同种鱼的成熟系数越高，性腺发育越好。成熟系数在种间差异十分普遍，这种差异往往反映出其产卵类型。在繁殖季节内，有些种的雌鱼在较短的时间排出该繁殖季节成熟的全部的卵，称不分批产卵鱼类。它们的成熟系数通常仅在产卵前达到高峰，产卵季节过后迅速跌落。另一种为分批产卵鱼类，它们往往在整个繁殖季节内产出数批卵，繁殖期较长，产卵前后成熟系数变化不急剧。

是否为分批产卵鱼类，也可通过卵径测定来确定。将Ⅲ～Ⅳ期卵巢中已积累卵黄的卵径加以测量，若卵母细胞是同时成熟的，卵径大小分布均匀，为不分批产卵鱼类；若卵母细胞是分批成熟的，其卵径分布不均匀，可分为数个群组，为分批产卵鱼类。

（二）环境因子对性腺发育的影响

1. 食物

鱼类从摄食获得的能量，除维持耗能外，主要用于躯体生长和性腺生长。研究表明，卵巢发育过程中蛋白质增长主要靠外源营养，在卵巢生长季节，鱼类摄食一般总是优先满足卵巢生长。

2. 温度

在适温范围内，温水性经济鱼类的精子与卵子发育速度和水温呈正相关。因而，调节水温就可调节性腺发育的年周期，提前或迟缓鱼类性腺成熟和产卵时间。温度还是鱼类产卵的信号因子，春季产卵鱼类要求升温条件，而秋冬季产卵鱼的卵巢的最后成熟要求降温条件。这些在人工繁育经济鱼类的工作上具有十分重要的应用价值。

3. 光照

光照是对经济鱼类性腺发育和成熟起直接作用的指导因子。它对性腺的影响以光周期的变化最为显著。根据性腺成熟和光照时间的关系，可把鱼类分为长光照型鱼和短光照型鱼。春夏产卵鱼属前者，秋冬产卵鱼属后者。若人为延长或缩短光照，可提前使鱼产卵。光照与温度共同控制时的作用效果更为显著。

4. 水流

水流对许多鱼类性腺的最后成熟（从Ⅳ中、后期→Ⅴ）极为重要。如四大家鱼产卵季节上溯至长江上游，在山洪暴发，水位猛涨，造成急流时，在数小时至几十小时中，性腺才能最后完成由Ⅳ→Ⅴ的过渡，进行产卵。

5. 盐度

盐度对一些海产鱼类性腺发育和成熟也十分重要，一些广盐性鱼类性腺必须在特定的盐度水体中才能最后发育成熟。故在对一些经济鱼类进行繁育时，要特别注意其繁殖时的盐度条件。

（三）繁殖力

繁殖力体现了物种或种群对环境变动的适应特征。鱼类的繁殖力应为雌鱼产出的经过受精的活的卵的数目。由于产卵量、受精率都难以掌握，硬骨鱼类的繁殖力非常难测定。因而常以第Ⅳ期卵巢中，开始卵黄沉积的卵子数目作为鱼类的繁殖力，主要包括绝对繁殖力和相对繁殖力。

绝对繁殖力又称个体繁殖力，指一尾雌鱼在繁殖季节前卵巢中所怀成熟卵粒总数，卵子取数一般采用重量取样法。

相对繁殖力是指一尾雌鱼单位体重或单位体长所具有的卵子数，即绝对繁殖力除以雌鱼的体重（通常用去内脏体重）或体长。相对怀卵量高意味着卵体积小，数量多，每个卵成功发育机会少，即卵的自然成活率相对较低。

繁殖力的大小与许多因素之间有密切关系。一般来讲，繁殖力会随体长、体重的增加而增大。繁殖力（F）与体长（L）的关系为幂指数关系：$F = aL^b$，繁殖力与体重（W）的关系为直线关系：$F = a + bW$。

四、繁殖方式、时间、场所及鱼类对产出卵子的保护

（一）繁殖方式

鱼类包括经济鱼类在长期自然演化过程中，为适应各种类型的水环境和生活方式，其繁殖的方式也变得多样化，根据受精卵、亲体和繁殖场所三者的联系方式，划分为如下各型：

1. 无亲体护卫型

大部分鱼类的卵在水中受精，除部分软骨鱼类卵在雌体内受精，然后产出体外，无亲体保护。本型又分为以下几种亚型：

水层产卵亚型：亲鱼将卵产在水中，卵浮性或半浮性，包括大部分海水硬骨鱼类（鲈形目的主要经济鱼类）。

水底部产卵亚型：亲鱼将卵产在水底部，卵沉性或沉黏性。在水底部岩石、砂、石砾上发育或埋在石砾下发育。

草上产卵亚型：亲鱼将卵产在水草上，卵黏性。

喜贝类性产卵亚型：亲鱼将卵产在无脊椎动物体内。

洞穴产卵亚型：亲鱼将卵产在洞穴中发育。

2. 亲体护卫型

卵（仔鱼）在亲体护卫下发育，分两种亚型：

基质亚型：亲鱼将卵产在自然基质上（岩石、植物、水底等处），然后在旁侧守护，直至仔鱼孵出。

营巢亚型：亲鱼在产卵前先筑巢，在巢中完成产卵行为后由亲体守护。

3. 亲体型

卵在亲体体表或体内发育，分两种亚型：

体表亚型：卵挂附在亲鱼体表、皮肤、额前、口腔、鳃腔、副

卵囊内发育。

体内亚型：卵的受精发育均在母体生殖道完成，包括卵胎生和胎生两类。卵胎生卵的营养完全或大部分由卵黄提供。胎生则是由母体与卵黄共同提供营养供卵孵化。

（二）繁殖季节

不同地区的鱼类繁殖季节可能会有所不同，这取决于气候和地理位置等因素。表1-1是一些常见经济鱼类的繁殖季节：

表1-1　常见经济鱼类的繁殖季节

经济鱼种类	繁殖期	集中时间	繁殖高峰期水温
鲫（*Carassius auratus*）	3~7月		20~24℃
鲤（*Cyprinus carpio*）	3~7月		25℃左右
青鱼（*Mylopharyngodon piceus*）	3~7月		25℃左右
草鱼（*Ctenopharyngodon idella*）	4~6月		20~23℃
鲢（*Hypophthalmichthys molitrix*）	4~7月	5~6月	18~28℃
鳙（*Aristichys nobilis*）	4~7月	5~6月	20~26℃

1. 鲫（*Carassius auratus*）

繁殖期主要在3~7月，例如华南地区一般为3~4月，华中地区一般为4~5月，华北地区一般为5~6月，东北地区一般为6~7月。当水温在20~24℃时，是鲫鱼繁殖的高峰期。

2. 鲤（*Cyprinus carpio*）

繁殖期和鲫鱼基本一致，也在3~7月，水温在25℃左右时是鲤鱼繁殖的高峰期。鲤鱼一般在早晨和上午交尾，位置选在浅滩，有供鱼卵附着的地方，如水草、树枝、石头较多的水域，水深半米左右。

3. 青鱼（*Mylopharyngodon piceus*）

繁殖期在每年的3~7月，水温在25℃左右时最适合。野生青鱼主要在江河的干流进行繁殖，逆流而上产卵。鱼塘养殖的青鱼则需要人工辅助产卵，给鱼进行催产注射。

4. 草鱼（*Ctenopharyngodon idella*）

繁殖期相对比较集中，大多是在每年的 4~6 月，主要在流水中进行，江河的交汇处、江河的干流都是草鱼主要的产卵地。

5. 鲢（*Hypophthalmichthys molitrix*）

鲢鱼的繁殖季节通常在 4~7 月，其中 5~6 月是较为集中的时间。

鲢鱼繁殖需要满足一定的水温，一般适宜的水温范围是 18~28℃。它们的性成熟时间较长，通常需要 3~4 年才能达到性成熟。鲢鱼在繁殖时，通常在流水中产卵，鱼卵具有半浮性，在流水中漂浮。

6. 鳙（*Aristichys nobilis*）

鳙的繁殖季节也是在 4~7 月，其中 5~6 月是较为集中的时间。

（三）繁殖场所（产卵场）

在水体中凡适合卵生鱼类产卵，在生殖季节能吸引生殖群体到来并进行繁殖的场所，称产卵场。特定鱼类的产卵场，应有该种鱼类产卵所要求的环境条件。它一般和种的繁殖式型、卵的特性以及仔鱼发育的条件一致。鱼类的产卵场并不是固定不变的，如条件恶化，就会影响鱼类繁殖，甚至不再成为其产卵场。在这种情况下要模拟建造人工繁殖场所。很多经济鱼类对产卵场的选择性较强，需要有较为固定的环境条件才能作为其适宜的产卵场。

五、早期发育

鱼类的早期发育阶段，即鱼类早期生活史阶段，指的是鱼类生活史中成活率最低的卵、仔鱼、稚鱼三个发育期，是进行经济鱼类苗种培育的重要的基础。

（一）卵的类型和质量

鱼类的卵通常由卵膜、原生质和卵黄三部分组成。有的种类在卵膜外还有一层胶膜（次级卵膜）。卵黄构成卵的主要部分，是仔胚发育的营养来源；原生质在多数鱼类呈一薄层，包围着整个卵黄，这是构成仔胚的物质基础。鱼类的卵根据其比重和有无黏性可分为四种类型：

浮性卵：卵的形状较小，色泽透明，比重小于水，产出后漂浮在水面，大多数海水经济鱼类的卵属于这种类型。

沉性卵：卵的形状通常较大，比重大于水，产出后沉于水底孵化，如大麻哈鱼。

黏性卵的脱黏

黏性卵：卵的比重大于水，卵膜具有黏性，产出后黏附于水生植物或其他物体上，如鲤。

漂流性卵：卵的比重略大于水，有轻微水流就可将其悬浮在水层中孵化，如鲢。

卵内含有蛋白质、脂肪、水分和各种无机盐等。一般淡水鱼类卵所含盐分约为 5‰，而海水硬骨鱼类为 7‰。鱼卵的渗透压调节功能是原生质区完成的。但这种调节是单向的，即淡水鱼卵只限于阻止低渗环境中水分的进入，而没有防止在高渗环境中失水的功能；而海水鱼卵只限于防止在高渗环境中失水，而没有防止在低渗环境中水分进入的功能。所以淡水鱼通常不能在海水中繁殖，海水鱼不能在淡水中繁殖。但若把卵放在等渗的鱼用任氏液中，就能节省其渗透调节耗能，从而延长卵的活性时间。

卵的质量是早期发育成功的关键之一。卵的质量低主要表现为活性低，影响受精率、孵化率和仔鱼存活率，其次是卵形状不规则、异常受精、卵膜软化以及染色体畸变等。这其中以卵的活性最为重

要。卵的活性常随排卵后在鱼体内停留时间延长而下降。如虹鳟的卵在排卵后可在亲体内停留 30d 或更长，但在体内保留 18d，其活性明显下降。一般排卵后 4~6d 内，用挤压法取得的卵，人工授精后仔苗的成活率最高。但大头胡子鲇的卵，在 26~31℃时排卵后保持最高活性的时间仅 10h。由此可见，卵的活性在排卵后能保持多久，是种的特性之一。因此，人工繁殖时，选择何时注射激素、何时挤压、何时人工配对和授精是非常重要的。

（二）卵的受精和发育

1. 精子活力

鱼类精子寿命和活力一般较短促，随种类而不同。四大家鱼的精子在淡水中只能活动 50~60s，而激烈运动时间仅 20~30s；鲤的精子在淡水中可保持活动时间为 1.5~3.0min。个别鱼如大西洋鲱的精子可保持 24h，但大多数鱼类精子为 1~25min。

2. 卵的受精

绝大多数鱼类的卵的受精作用是在体外水环境中完成的。精子在精巢内是不活动的，因为精液中有一种称为雄配子素Ⅰ的分泌物，能够抑制精子的活动。精子入水后，由于雄配子素Ⅰ迅速扩散（消失）和水中氧的激活，立即活动起来。在接近卵膜孔区时，精子产生雄配子素Ⅱ，起溶解卵膜的作用。卵子的卵膜孔区有两种受精素，称雌配子素Ⅰ和Ⅱ。前者有吸引和加速精子活动的作用，后者能破坏被吸引到卵的表面而不能进入卵的精子。精卵入水后，在雌雄配子素的共同作用下，最终一个精子的头部由卵膜孔进入卵内，实现精卵的融合，完成受精过程。这一过程的实现和精卵本身质量和活力，以及环境条件的适合程度密切相关。因此，凡影响精卵质量和活力的因素，均影响卵的受精率。

3. 卵的发育

受精卵出现第一次卵裂，便标志着卵（胚胎）发育阶段的开始，持续到孵出为止。根据卵内胚胎发育的发育顺序和形态特点，发育生物学通常将鱼卵的发育过程划分为许多期相。这些期相在不同鱼类往往有所变动，但大都符合"卵裂—胚体形成—器官分化—孵出"这样一个基本顺序。卵的发育时间在不同种间变化很大，可以从不到 1 天到长达 1 年。绝大多数鱼类卵的发育是在不稳定的体外环境中完成的，因此，卵的发育速率和成活率受环境因子的影响极大。

水温对卵的发育有重要影响。每种鱼都有可供其正常发育的水温范围，超出这一范围就可引起发育停滞、异常和死亡。根据发育速率、孵化率和初孵仔鱼的健康程度，还可找到适温、最适温范围。例如四大家鱼卵发育的温度范围为 17~28℃，适温为 22~28℃，最适温为 25~27℃。卵的发育速率受水温影响最大，一般在许可的范围内，两者呈正相关。水温升高虽能促进卵的发育，但这对鱼类并非一定有利。不少研究证明，孵化期水温能影响仔胚的体长、卵黄囊大小、肌节、色素沉着和上下颌的分化等。而这些特征对于仔胚孵出时迅速适应环境和存活十分重要。

肉食性桡足类、枝角类、各种水生昆虫及其幼虫等敌害生物，都可攻击、捕食鱼类，有些淡水鱼类以鱼类为食。另外，卵膜外细菌和各种微生物，对卵的正常发育都会造成严重威胁。

（三）仔鱼的生活方式、摄食和生长

1. 生活方式

鱼类的仔胚从卵膜内孵出，便进入仔鱼期。初孵仔鱼的长度和分化程度，在种间有很大不同。这与该种的繁殖方式、卵的大小、孵化期长短以及孵化时环境条件（主要是温度）有关。许多海洋性鱼类的孵化期较短，初孵仔鱼通常卵黄囊较大，口、肛门、眼色素均未形成。但也有部分种孵出时发育已相当完善。例如甲鲇科的仔胚孵出时背鳍和尾鳍已部分发育。虹鳟的仔鱼，尽管卵黄囊还很大，但脊索末端已向上弯曲，除腹鳍芽刚形成外，各鳍均已出现鳍条，血管系统相当明显。鳜初孵时，口和消化道已形成，1~2d后即开始摄食。许多孵化期长的板鳃类幼体，孵化时除具卵黄囊外，其他特点和幼鱼相似。卵胎生和胎生的鱼类，幼胚往往以变态后的幼鱼形式产出。

初孵仔鱼大都不能立即向外界摄食，而有一段时间仍依靠卵黄营养，称卵黄囊期。此期持续时间长短主要取决于不同鱼种孵出时的分化程度。卵黄囊大小和环境条件（主要是温度）有关。

仔鱼在卵黄囊期完成口、消化道、眼、鳍功能的初步发育，并建立巡游模式，能活泼游泳于水中，从而由内源性转入外源性营养。多数仔鱼在卵黄囊耗尽前的短期内开始转向外界摄食，出现一个内源和外源营养共存的混合营养期。进入初次摄食期的仔鱼大多在浮游生物水层生活，依靠摄食浮游生物（主要是浮游动物）继续发育和生长。

2. 摄食效率

摄食效率指仔鱼成功捕到食饵对象的反应次数占已进行过的捕食反应次数的百分数。摄食效率对于仔鱼建立外源摄食和存活至关重要。几乎所有硬骨鱼类的仔鱼均依靠视觉摄取活的饵料生物，抵达初次摄食期的仔鱼大都具有色素完备、发育良好和可动的双眼。摄食效率随种而不同，这和仔鱼的形态构造和机能特点相关。例如在饵料供应足够情况下，仔鲱的初次摄食效率仅1%，而狗鱼仔鱼可达30%左右。这是因为狗鱼口裂大，上下颌有力，鳔功能好，因而游泳迅速而省力，捕食准确，成功率高。之后，摄食效率随发育天数而增加。

饵料对象大小、质量和密度是影响仔鱼摄食效率的重要因子。仔鱼对饵料的选择主要是大小选择。大小适口，仔鱼的吞食才能成功。饵料的质量影响仔鱼的发育和生长，从而对仔鱼以后的摄食效率产生一定影响。例如卤虫无节幼体是海水鱼育苗使用最多的活饵料，但不同来源的卤虫卵、卤虫无节幼体的营养强化效果对鱼苗的成活率有极大影响。仔鱼初次摄食所要求的饵料（临界）密度是存活的关键之一。这是因为，只有保证一定的饵料密度，才能使仔鱼和饵料相遇，引起仔鱼的摄食反应，并使摄食效率不断提高，以保证仔鱼发育和生长的营养需要。

影响仔鱼摄食效率的最重要非生物因子是光照和水温。仔鱼主要靠视觉摄食，没有光照就不能产生视觉反应。实验表明，仔鱼摄食的临界光照强度是 0.1lx，最好在 100~500lx；光照时间和自然光照时间保持一致。水温对摄食效率也有重要影响。在不同水温条件下，仔鱼的游泳速度和摄食效率明显不同。

3. 生长

在饲养条件下，仔鱼的日生长可以通过实测体长和体重获得。对多数海洋仔鱼的生长可划分为三个不同时期：初孵时的快速生长期、卵黄囊消失前的慢速生长期以及在不能建立外源性摄食后的负增长期。初孵仔鱼的快速发育和体长增长，为建立外源摄食作准备。进入摄食期后，体内储存的营养物质和能量，主要用于提高活动水平、搜索和摄取饵料，以建立外源性营养而暂缓耗能。饥饿仔鱼进入不可逆点（PNR 期）后，随着鱼体消瘦和器官萎缩，会出现负增长。

在室内人工育苗中一个常见的现象是长度极差，或称生长离散，即随着仔鱼的生长，长度范围在不断扩大。自然界是否存在这种现象，目前还不能肯定。但一般认为这是室内饲养箱饲养，即因养造成的。原因是对食物的竞争、在拥挤条件下某些个体优势显性，以及不存在捕食者对较小个体的选择性捕食。

（四）影响仔鱼存活的生态因子

鱼类的高繁殖力和早期发育阶段的低成活率表明：如果能阐明鱼类早期大量死亡的机制，提高成活率，不仅在理论上有重大意义，而且在实践上将给人类社会带来巨大的经济效益。

1. 饥饿和"不可逆点"

仔鱼必须在卵黄耗尽前后及时从内源性转入外源性营养，否则就会进入饥饿期。饥饿期的出现与否主要由两方面因素确定：一是种特有的摄食效率，二是环境条件的合适性，特别是适口饵料生物的存在与否。一般认为，饥饿引起仔鱼死亡是因为卵和卵黄囊较小。初孵仔鱼器官发育较差，混合营养期短暂，外界环境变化较大，特别是饵料密度分布不均的海洋鱼类仔鱼中常出现饥饿期。

不可逆点（the point of no return，PNR）：指饥饿仔鱼抵达该时间点时，尽管还能生长较长一段时间，但已虚弱得不可能再恢复摄食能力。抵达 PNR 的时间，和鱼卵的孵化时间、卵黄容量及温度有关。孵化时间长、卵黄容量大、温度低、代谢速度慢，PNR 出现晚；相反，则出现早。

2. 临界期概念

所谓临界期，简单地说，就是指仔鱼从内源营养转向外源营养时，幼鱼饵料保障和仔鱼器官发育两者的共同作用而造成的大量死亡的危险期。

临界期是一个内在的危险期，其压抑或表露不仅取决于仔鱼对环境的要求，或对环境的适应能力，也取决于环境条件是否适合仔鱼的要求。在适合的条件下，临界期压抑，仔鱼顺利摄食，正常发育；在不适合的条件下，例如仔鱼摄食机能已形成，却不能及时得到适口的饵料供应，则导致临界期表露，高死亡率发生。

3. 敌害捕食

卵和仔鱼的捕食者主要是无脊椎动物和鱼类。无脊椎动物，如肉食性桡足类、枝角类不仅能直接捕食鱼卵，还能利用它们的附肢刺破卵膜吮吸鱼卵和仔胚的营养，许多水生昆虫及其幼虫能攻击并捕食仔稚鱼。一些淡水鱼类，在产卵季节常以鱼卵为主要食饵对象。在海洋中，毛颚动物、水母类、甲壳类中的磷虾、乌贼、鱿鱼，对鱼卵和仔鱼的捕食均十分严重。另外，中上层集群鱼类及其幼鱼往往是海洋鱼类浮性卵和仔鱼的最重要捕食者。

4. 环境因子变动

环境理化因子，如水温、盐度、水深、流速、流量、风浪以及水污染等对鱼卵和仔鱼的分布和存活，具有直接和间接的影响。卵和仔鱼是鱼类生活史中最稚嫩的阶段，任何不适宜的环境条件都会引起它们的大量死亡。例如，各种卵和仔鱼的发育和生长要求合适的温度范围，不适宜的水温变化将会延缓其发育，甚至导致死亡。

参考文献

［1］于建萍．经济鱼类养殖技术要点［J］.世界热带农业信息，2022（8）：
65-67.

［2］王静．舟山群岛海域四种经济鱼类的摄食生态研究［D].舟山：浙江海洋
大学，2023.

［3］谢玺，鲍枳月，王庆志．鱼类年龄硬组织鉴定方法研究应用进展［J］．大连海洋大学学报，2021，36（6）：1071-1080.

［4］赵铁桥．宁夏黄河经济鱼类的年龄和生长［J］．兰州大学学报，1980（3）：93-103.

［5］苏锦祥．鱼类学与海水鱼类养殖［M］.2版．北京：中国农业出版社，1995.

［6］丁德明．经济鱼类的人工繁殖技术（1）鱼类人工繁殖的生物学基础（上）［J］．湖南农业，2013（7）：37.

［7］叶富良．海水经济鱼类人工繁殖、大规模种苗生产技术和种质标准研究［D］．湛江：广东海洋大学，2004.

［8］丁相明，王保印．如何保护经济鱼类的自然繁殖［J］．渔业致富指南，2004（9）：17.

［9］姜志强，韩雨哲，田莹，等．水生观赏动物学［M］.北京：中国农业出版社，2016.

第二章 经济鱼类亲鱼的繁殖及苗种培育技术

近年来，随着我国经济的快速发展，人民生活水平的不断提高，我国的鱼类人工繁殖和育苗技术已向多品种发展，名特优鱼类不断涌现，促进了地方特色养殖业的发展。其中在人工繁殖过程中，亲鱼培育和产后护理是水产苗种可持续发展的关键，鱼类繁殖与鱼体性腺、神经-内分泌系统以及环境密切相关，在国家大力发展种业的今天，亲鱼作为养殖鱼类种业发展的基础，它的培育与护理至关重要，同时，亲鱼产后恢复的效果将直接影响第二年苗种的生产。本章节将从亲鱼的繁殖和苗种培育分别介绍经济鱼类亲鱼的促熟技术、催产技术、受精卵的孵化技术以及苗种培育技术。

第一节 经济鱼类亲鱼的促熟技术

亲鱼是指在养殖过程中，用于繁殖的成年鱼。促熟技术指通过一系列措施，如外界环境和物理、化学手段，使亲鱼在适当的时间内达到性成熟，从而提高繁殖效率和经济效益。常见的促熟技术包括光照、温度、荷尔蒙等手段。该技术广泛应用于水产养殖领域，可以缩短养殖周期，增加出栏数量，降低成本，提高利润，此外，该技术还可以促进水产养殖业的可持续发展，为农业现代化和乡村振兴做出贡献。

一、促熟技术概述

促熟技术是指通过一系列措施，使亲鱼进入性成熟期，从而提高其繁殖能力。促熟技术的成功应用可以大大提高经济鱼类的人工繁殖率和苗种质量，促进水产养殖业的发展。经济鱼类促成熟技术涉及对环境和生理因素的控制，以诱导具有重要经济价值的鱼类成熟。该技术通常用于水产养殖，以提高繁殖性能并优化商业用途的鱼类生产。影响鱼类成熟的环境因素包括水温、光周期、水质和盐度等。可以控制的生理因素包括使用激素或其他刺激生殖活动的化合物。促成熟技术的一种常见方法是使用激素疗法，可以施用促性腺激素释放激素（LHRH）及其类似物等激素来刺激促黄体激素（LH）和促卵泡激素（FSH）的释放，进而诱导鱼类成熟和产卵。另一种方法是使用光周期控制，包括控制鱼类环境中的明暗量，以模拟触发自然成熟和产卵的季节变化。总的来说，促熟技术已被证明是提高水产养殖生产效率和可持续性的有效方式。

二、促熟条件

促熟条件包括水温、光照、水质、饲料等多个方面。其中，水温是最为重要的因素之一，一般来说，不同种类的鱼类对水温的适应范围不同，需要根据具体情况进行调整。光照也是影响促熟效果的重要因素之一，一些鱼类需要暗期才能促进性腺发育。水质和饲料也会影响亲鱼的性腺发育和繁殖能力。

（一）水温

鱼类只有对水温、溶氧、盐度、pH 以及水质等环境条件具有广泛的适应性，才能在绝大多数水体中养殖，以获取经济和社会效益。

鱼类作为变温动物，水温的变化对鱼类的生殖周期和生殖行为有很大影响。水温过低或过高都会影响鱼类的性腺发育和产卵，不同种类的鱼类对水温的适应范围也不同，草鱼、青鱼、鲢、鳙、鲤、鲂等作为广温性鱼类，对温度的适应幅度较大，适宜温度在 $20 \sim 32℃$，其中繁殖温度为 $22 \sim 28℃$。在适温范围内，水温升高，鱼类摄食强度大，水温降低，鱼类代谢水平减弱，生长受阻。季节变化对鱼类摄食有直接影响，春季摄食增强，夏季摄食旺盛，冬季停止摄食或降低摄食强度。

（二）光照

光周期与光照强度影响鱼类发育，例如影响性腺发育和激素分泌。有些鱼类需要特定的光照条件才能产卵。光照对几乎所有的鱼类都具有影响，但是不同种类的鱼对光照的适应范围和要求不同。以下是一些典型的影响：例如鲑鱼在春季和秋季的特定光照条件下才能产卵；鲤鱼需要充足的光照来促进生长和发育，同时也需要适当的黑暗时间来维持生物钟节律；龙虾需要在春季和夏季的特定光照条件下才能产卵和孵化；珍珠鱼需要适当的光照强度和颜色来促进生长和发育，同时也需要适当的黑暗时间来维持生物钟节律。

（三）水质

水质对鱼类的生殖健康也非常重要。水质不好会导致鱼类生殖周期紊乱、性腺发育不良、产卵量下降等问题。水质对鱼类有典型的影响，比如鲤鱼对水质的适应性很强，但是过高或过低的水温、过高的氨氮和硝酸盐含量、过低的溶氧量等都会对其生长和健康产生不良影响；而鲈鱼和鲑鱼对水质的要求较高，需要适宜的水温、pH、溶氧量和水质清洁度等条件才能健康生长。

（四）饲料

饲料对鱼类的生殖发育也有一定影响。适当的营养摄入可以促进鱼类的性腺发育和产卵。

鱼的生长发育需要多种营养。例如蛋白质能够修复受损组织，促进生长发育；脂质是鱼类的能量来源，维持细胞膜的完整性；碳水化合物对需要高碳水化合物饮食的食草鱼尤为重要；维生素影响代谢，维生素 A 影响视力和免疫系统，维生素 D 调节钙对骨骼的生长作用；矿物质中钙、磷和镁等矿物质影响鱼的骨骼和肌肉发育，铁和锌调节酶功能和免疫系统。

氨基酸是蛋白质的组成部分，鱼需要从饮食中获取必需氨基酸和非必需氨基酸，神经系统的正常运作和激素的产生需要脂肪酸，$\omega-3$ 和 $\omega-6$ 脂肪酸对鱼类尤为重要，因为它们不能由鱼类自身合成，必须从饮食中获取。总之，饲料营养素对鱼类发育的具体功能和影响包括提供能量、构建和修复组织、维持适当的器官功能、调节代谢过程和支持免疫系统功能，满足相关鱼类特定营养需求的均衡饮食对于它们的最佳生长和发育至关重要。

鲆鲽类的人工受精

三、性腺促熟与人工繁殖

性腺促熟是经济鱼类人工繁殖的前提条件之一。只有在亲鱼性腺发育成熟后，才能进行人工授精或自然受精，从而获得高质量的苗种。在进行人工授精时，需要注意授精时间、授精比例等因素，以保证苗种的优良品质。

（一）主要措施

为了保证促熟效果的稳定和可靠，需要采取多种措施来提高亲鱼的性腺发育和繁殖能力。其中，合理调节水温、光照和饲料等因素是最为基础的措施。此外，还可以通过给予激素、生物体内信号分子等物质来促进亲鱼性腺发育。

（二）注意事项

在进行经济鱼类促熟技术时，需要注意以下几点：①要确保亲鱼健康，避免受到细菌、寄生虫等危害。②要确保环境条件合适，包括水温、光照、水质等因素。③要注意控制使用化学物质的剂量和频率，避免对环境造成污染。④确定促熟时机，不同种类的鱼类促熟的时机不同，需要根据不同鱼种的生物学特性和生长环境等因素来确定促熟时机。⑤要根据不同鱼种的特点和生长环境等因素来选择适宜的促熟方法。⑥控制促熟剂用量，化学促熟需要使用促性腺激素等化学物质，需要控制用量以避免对亲鱼造成伤害。⑦加强亲鱼管理，在促熟过程中需要对亲鱼进行密切观察和管理，及时发现和处理问题，确保亲鱼健康和繁殖效率。

经济鱼类亲鱼的促熟技术是现代养殖业中的重要技术之一，可以提高养殖效益和经济效益，同时也需要注意科学合理地实施，以确保养殖业的可持续发展。

第二节 经济鱼类的催产技术

随着水产养殖业的不断发展，如何提高鱼类的产量成为一个重要的问题。而催产技术的应用则成为提高鱼类产量的有效途径之一，催产技术是指通过某些手段，促进动物体内激素的分泌，从而提高动物的生殖能力和生殖效率的一种技术。在水产养殖中，催产技术主要用于提高经济鱼类的繁殖效率，促进亲鱼的产卵和受精，从而提高幼鱼的出苗率和成活率。

本文将介绍经济鱼类亲鱼的催产技术、原理以及其方法应用和优势。

一、催产技术概述

催产技术主要通过给予亲鱼化学物质或物理刺激，来刺激亲鱼体内激素的分泌，从而促进亲鱼的产卵和受精。常用的催产剂有人工合成激素、天然激素、植物激素等。其中人工合成激素是最常用的催产剂之一，其作用机理是模拟亲鱼体内激素的作用，从而促进亲鱼的生殖活动。催产技术运用生态学原理和方法，满足鱼类排卵、产卵要求的条件，提供产卵池（如水温、水质、水流、产卵场及基质等），应用生理学原理和措施，如注射催产药物，促使亲鱼性腺进一步发育成熟，从而达到排卵、产卵及排精、受精的过程。

二、催产技术的方法应用

鱼类人工催产与药物催产是现代养殖业中常用的两种催产方法。这两种方法都可以有效地促进鱼类的繁殖，提高养殖效益。以下将详细介绍这两种催产方法的工作原理和技术。

（一）鱼类人工催产

鱼类在天然环境中可自行繁殖，部分养殖鱼类如鲢、鳙、草鱼和青鱼，在养殖水体中性腺只能发育到生长成熟（第Ⅳ期），不能完成向生理成熟（第Ⅴ期）的过渡，即不能自行产卵繁殖。此外，有一些养殖鱼类，如鲤、鲫和团头鲂等，可以在养殖水域中自行产卵繁殖，但产卵时间不集中，繁殖效率不高，因此，人工催产是鱼类人工繁殖和提高繁殖效率的重要手段。人工催产的目的是通过采取生理手段和生态措施促使亲鱼性腺进一步发育成熟，达到排卵、产卵及排精、受精的过程。具体来说，鱼类人工催产分为以下几个步骤：

1. 亲鱼苗种培养

亲鱼性腺发育水平是鱼类人工繁殖能否成功的决定性因素之一，不仅直接关系到催产率、受精率及孵化率，而且也关系着苗种的成活率，甚至影响苗种质量。保证性腺发育的关键是为养殖鱼类创造适宜的生活环境，并注意亲鱼培育的方式方法。根据不同鱼类的生物学、繁殖生理及营养需求，在不同阶段投喂不同的饲料，以保证亲鱼营养需求，并通过对水流等生态因子的调节，促进性腺发育，以培育出优良亲本，为催产做足准备。

2. 选择合适的繁殖场地

繁殖场地应具备适宜的水质、饲料和光照等条件，以及足够的空间和设施。在繁殖场地中，需要设置适当的人工繁殖设备，如产卵网、受精网等。具体包括：①水质条件：水质是影响鱼类繁殖的关键因素之一，因此需要保证水质清洁、透明、无毒害和适宜的温度、pH、溶氧量和盐度等条件。②光照条件：光照可以影响鱼类的生殖周期和生殖行为，因此需要保证充足的光照强度、适宜的光照时间和颜色等条件。③繁殖设施：需要提供适宜的繁殖设施，例如产卵箱、孵化箱、育苗池等，以及相应的水泵、过滤器、加热器、氧气机等设备，以确保鱼类的生长和健康。④饲料条件：需要提供适宜的饲料，包括专门的产卵饲料、幼鱼饲料和成鱼饲料等，以满足不同阶段鱼类的营养需求。⑤管理条件：需要有专业的管理人员进行管理和监控，包括水质检测、疾病防控、饲料管理、产卵调控等方面，以确保养殖过程的安全和有效。

3. 人工刺激

在繁殖期，人们常通过人工刺激鱼类的生殖器官，促进其产卵和受精。常用的刺激方法包括轻拍、振动、注射促性腺激素等。

4. 收集和处理卵子

在鱼类产卵后，需要及时收集卵子和精子，并进行处理和保存。常用的处理方法包括冷冻、干燥、添加保护剂等。

（二）药物催产

药物催产是指通过给予鱼类一定剂量的药物，促进其生殖周期的进程。药物催产的主要方式是通过调节鱼类内分泌系统，促进其性腺发育和激素分泌。目前鱼类人工繁殖采用的催产药物主要有绒毛膜促性腺激素（human choionic gonadotophin，HCG）、促性腺激素释放激素类似物（luteinizing hormone-releasing hormone，LHRH-A）、马来酸地欧酮（domperidone，DOM）、脑垂体（pituitary gland，PG）等。

1. 绒毛膜促性腺激素（简称 HCG）

HCG 是由胎盘的滋养层细胞分泌的一种糖蛋白，是从怀孕 2～4 个月的孕妇尿中提炼出的一种糖蛋白激素，由 α 和 β 二聚体的糖蛋白组成。其商品为白色、灰白色或淡黄色粉末，易溶于水，易吸潮而变质，受热易失效，因此对温度的反应较为敏感，常需在低温干燥避光处保存。HCG 直接作用于性腺，具有诱导排卵和促进性腺发育的作用。该激素主要有促进排卵、加快性腺发育和促使雌、雄性激素分泌的作用，与促黄体素（luteinizing hormone，LH）功能相似，可刺激黄体持续分泌黄体酮和雌激素，以促进子宫蜕膜的形成，使胎盘生长成熟。在处理动物时，该激素能促进卵泡成熟、排卵并形成黄体。

2. 促性腺激素释放激素类似物（简称LHRH-A）

LHRH-A 是一种由下丘脑分泌的激素，能够刺激垂体前叶分泌促性腺激素，引起垂体释放促卵泡素（follicle stimulating hormone，FSH）和 LH，尤其是对 LH 作用大，促使卵巢血流加速、卵泡排卵和 LH 形成。LHRH-A 的主要功能是促进鱼类的生殖，通过刺激卵巢或睾丸的发育和功能，从而达到催产的目的。在鱼类人工繁殖中，LHRH-A 主要用于催促雌性鱼类排卵和受精，以及促进雄性鱼类产生精子。同时，LHRH-A 还可以调节鱼类的生长和免疫系统，提高其抗病能力。

LHRH-A 在鱼类繁殖中的使用方法主要有两种：注射法和浸泡法。注射适用于鲤鱼、鲫鱼等大型鱼类，将药物溶解在生理盐水中，然后注射到鱼体内。浸泡则适合草鱼、鳜鱼等小鱼，将药物溶解在水中，然后将鱼浸泡在溶液中一定时间。

3. 马来酸地欧酮（DOM）

DOM 为多巴胺拮抗物，是一种高活性的新型鱼类催产剂，其能阻断多巴胺对 GtH 释放的抑制作用，促进 GtH 释放，具有辅助增效作用。在鱼类繁殖季节早期，气温水温偏低，或气温突然下降，亲鱼性腺还未成熟，卵巢还处在Ⅳ期初期，用 DOM 与 LHRH-A 合用进行催产，能使亲鱼卵巢快速从Ⅳ期初期达到Ⅳ期末期，提高催情、催熟和催产效果，有助于产卵率与受精率达到理想阶段。不同种类的亲鱼对不同催产剂的敏感性有很大差异，在催产时必须选取对该种鱼最敏感的催产剂，或者几种催产剂互相混合使用，从而提高催产效果，这是由于激素间的相互协同作用。

4. 脑垂体（简称PG）

脑垂体，也称为"主腺"，是位于大脑底部的一个小腺体。它负责产生和释放调节各种身体功能的激素，包括生长、繁殖和新陈代谢。在鱼类中，垂体产生的一种重要激素是催产素。

　　鱼类催产脑垂体的一项重要功能是调节繁殖行为。催产素在生殖行为的启动和维持中起着关键作用，例如求偶、交配。在鱼类中，催产素还参与调节卵子和精子的释放，以及繁殖时间。鱼的催产脑垂体除了具有生殖功能外，还在应激反应中发挥作用。鱼类脑垂体中含有的促性腺激素主要为促黄体素（LH）和促滤泡激素（FSH）。将悬浊液注入鱼体后，其中的滤泡激素可促使精卵进一步发育成熟，促黄体素进一步促使鱼发情产卵。用脑垂体催产有显著的催熟作用，在水温较低的催早期，或亲鱼1年催产2次时催产效果比绒毛膜促性腺激素好但若使用不当常易出现难产。

亲鱼的选择

（三）催产技术的准备工作

1. 选择亲鱼

　　进行催产的新鱼要求体质健壮、无病无伤、发育成熟。从外观上看，已发育成熟的雌鱼腹部明显膨大，后腹部生殖孔附近饱满，松软且有弹性，生殖孔红润；使雄鱼腹朝上并托出水面，可见到腹部有精液流出且精液浓稠呈乳白色，入水后能很快散开。为了防止近亲繁殖带来不良影响，对雌雄亲鱼的选留最好在不同来源的群体中。一般雌雄比例为1∶1.5，即雄鱼略多于雌鱼。

2. 确定催产期

　　决定催产期的主要因素是水温，通常为18~32℃，最适水温为22~28℃。因此家鱼的催产季节一般在5~6月，水温稳定在18~20℃之间时开始。

3. 催产剂的注射

　　催产剂的注射可为一次注射法、两次注射法，对亲鱼甚至采用三次注射法。当亲鱼成熟很好且水温适宜时可采用一次注射法，但一般来讲两次注射法较一次注射法效果好。在早期催产或亲鱼成熟度不够的情况下，通常采用两次注射，第一针具有催熟作用，只注射少量的催产剂，间隔24h后再注射余下全部剂量，一般当水温较低或亲鱼成熟度不高时，间隔时间可长一些，反之则应短些。催产剂的用量要根据水温、亲鱼的性腺发育情况等具体掌握，基本原则为：在早期水温较低时催产或亲鱼成熟不太充分时，剂量可稍加大；一次注射与两次注射剂量相同；亲鱼年龄较大，剂量可稍大。注射部位可采用：①胸腔注射：在鱼的胸鳍基部无鳞凹陷处，针头朝鱼体前方与体轴呈45°~60°角刺入，深度为1cm左右。②腹腔注射：注射腹鳍基部，角度为30°~45°，深度为1~2cm。③肌肉注射：在背鳍下方肌肉丰满处，用针顺着鳞片向前刺入肌肉1~2cm

养殖锦鲤的
催产药物注射

注射。注射完毕迅速拔出针头，并用碘酒涂擦注射口消毒以防感染。

4. 鱼卵的收集

亲鱼注射催产剂后，经过一定的效应时间，雄鱼开始追逐雌鱼，这即是发情，在发情2h前开始进行冲水，发情约半小时后便可产卵，若产卵顺利，通常持续2h左右。受精卵在水流的冲动下，很快进入集卵箱，当集卵箱中出现大量鱼卵时，应及时捞取，经计数后放入孵化设施，以免鱼卵集箱中沉积导致窒息死亡。产卵结束，可捕出亲鱼，放干池水，冲放池底余卵。

5. 产后亲鱼的护理

亲鱼产卵后体质十分虚弱，再加上催产过程中易受伤，稍不注意便会导致亲鱼死亡，因此要加强对产后亲鱼的护理，一般产后要放在水质良好、溶氧充足的池塘精心饲养，使它们尽快恢复体质，对受伤

的亲鱼可用各种磺胺类软膏涂抹伤口，也可用1%的孔雀石绿溶液或高锰酸钾溶液涂抹。伤情较重的，可同时注射青霉素（剂量为1万国际单位/公斤体重）或10%的磺胺噻唑钠（剂量为0.2g/尾）。

使用药物进行鱼类催情时，应注意以下几点：

（1）要了解该鱼的自然繁殖生态条件，尽可能模仿自然环境，如温度、水流、光照、鱼巢，以及其他因子。

（2）注射的药物种类以及剂量要根据不同的鱼类来选择，可参考亲缘关系相近鱼类的催产方法，经多次反复试验找出适宜剂量。

（3）经药物催情后，亲鱼一般会出现两种情况：一种是鱼类自然发情产卵受精，如果是产黏性卵的鱼类，需要注意布置产卵巢；产漂流性卵的鱼类，需要及时将鱼卵收集，倒入孵化设施。另一种是鱼类不能自然发情产卵受精，虽然鱼卵已达到生理成熟，但不排出体外，这时需要人工挤卵、挤精，然后授精。在进行人工挤卵操作时，应特别注意选择适宜的时间点进行。若操作过早，大部分鱼卵尚未完全从滤泡膜中游离，结果仅能获取部分成熟的鱼卵；反之，若操作过晚，则鱼卵可能会过度成熟，导致受精率显著降低。这种情况需要反复试验，依据催产药物的效应时间找到适宜的操作时间。

经济鱼类亲鱼的催产技术是水产养殖中一种重要的技术手段。通过合理应用催产技术，可以提高经济鱼类的繁殖效率，促进亲鱼的生殖活动，提高幼鱼出苗率和成活率。同时，催产技术还具有提高经济效益、减少养殖成本、保护资源环境等优势。因此，在水产养殖中应用催产技术具有重要意义。

第三节　经济鱼类受精卵的孵化技术

鱼类养殖的关键环节之一是受精卵的孵化，这是决定养殖周期成败的关键环节。近年来，经济鱼类受精卵孵化技术取得重大进展，有助于提高养鱼作业的效率和生产力。

一、准备工作

（一）筛选受精卵

筛选受精卵是人工孵化过程中的关键步骤，它直接影响着孵化效果和成活率。筛选受精卵应该在受精后的第一时间进行。因为受精卵在受精后不久就会开始发育，随着时间的推移，受精卵内部的胚胎就会逐渐发育成形，此时再进行筛选就会对胚胎的发育造成不良影响，甚至会导致死亡。筛选受精卵应该根据受精卵的外观特征进行。一般来说，正常的受精卵应该是透明、光滑、无明显破损和变形的。如果受精卵表面有明显的裂纹、凹陷或变形，就说明它已经受到了外力的损伤或者内部存在问题，这样的受精卵不适合继续孵化。此外，还需要注意受精卵的大小和形状是否规则，如果大小差异过大或形状不规则，也会影响孵化效果。

（二）准备孵化器

选择合适的孵化器进行孵化。孵化器应该具有良好的通风性和保温性能，以保证孵化过程中的温度和湿度稳定。目前，常见的鱼类孵化器有：孵化环道、孵化桶、孵化槽、立式孵化器、叶轮式孵化器、管道式孵化器、平列槽孵化器、植物型人工鱼巢和洞穴型人工鱼巢等，应根据鱼类产卵的性质使用不同的孵化器（表2-1）。产漂流性卵的鱼类可使用孵化环道、孵化桶、孵化槽等；产沉性卵的鱼类可以使用立式孵化器、平列槽孵化器等；产黏性卵的鱼类可以使用植物型人工鱼巢等，也可以通过鱼卵人工脱黏的方法使用漂流性鱼卵的孵化器，但需加大水流，以鱼卵被冲起滚动为准。

表 2-1　常见经济鱼类受精卵的孵化器

孵化器	特　　点
孵化环道	椭圆形孵化环道，水流循环时的离心力较小，内壁死角少，一般采用水泥砖砌结构，由蓄水、过滤池、环道、过滤窗、进水管道和排水管道等组成
孵化桶	控制水温和水质，通常具有透明的外壳，方便观察鱼类的生长情况。通常具有紫外线杀菌功能，以保持水质的卫生和安全
孵化槽	通常由一个或几个水槽和一些控制设备组成，如温度控制器、氧气泵、水泵、过滤器等。提供稳定和适宜的水温、水流量、氧气供应和水质
立式孵化器	自动控制温度、湿度和氧气含量，提高了孵化效率；采用立体结构设计，占用空间小
平列槽孵化器	采用平列槽设计，可以将鱼卵分开放置，避免了鱼卵之间的相互碰撞和摩擦，从而保证了鱼卵的完整性和孵化率
人工鱼巢	模拟自然环境，提供适宜的水温、水质、氧气等条件，其特点包括精细化管理、节约资源、可控性强、效益显著等

（三）准备培养液

1. 选择培养液

培养液的选择首先需要适宜的渗透压，渗透压是指液体中溶质对水分子的吸引力，是维持细胞内外环境平衡的关键因素。一般来说，鱼类受精的渗透压范围为 $200\sim300\text{mOsm/kg}$。其次，培养液中应该含有足够的营养成分，以满足受精卵的生长需求。这些营养成分包括蛋白质、糖类、脂肪、维生素等。最后培养液还需具有一定的缓冲能力，缓冲液可以维持液体的酸碱度稳定，防止 pH 波动对受精卵造成损害。

2. 培养液的配制

（1）$100\times$E2A 储存液：取 140g NaCl，6g KCl，19.2g $MgSO_4$，

3.3g KH_2PO_4，1.1g Na_2HPO_4，溶于1600mL无菌去离子水中，4℃长期储存。

（2）500×E2B储存液：取11g $CaCl_2$ 溶于200mL无菌去离子水中，-20℃长期储存。

（3）500×E2C储存液：取6g $NaHCO_3$ 溶于200mL无菌去离子水中，-20℃长期储存。

（4）胚胎养殖水（0.5×）：取100mL 100×E2A储存液，20mL 500×E2B储存液，20mL 500×E2C储存液于19L无菌去离子水中，调节pH至7.0后定容至20L，配置成胚胎养殖水（0.5×），高温消毒后常温短期储存。

3. 培养液的准备

在准备培养液时，需要注意以下几点：

（1）在准备培养液时需要准备好所有所需的材料和仪器，包括天平、容器、磁力搅拌器等。

（2）将所有成分按照配方称量好，并加入容器中。

（3）根据配方加入适量的水，并搅拌均匀。

（4）根据需要调整pH，并进行缓冲。

人工孵化鱼类受精卵需要准备合适的培养液，以保证受精卵能够正常发育。在选择培养液和进行配制时需要根据不同种类受精卵来进行调整，并注意各项操作细节。只有做好了培养液的准备工作，才能顺利进行人工孵化。

二、孵化过程

（一）孵化温度

经济鱼类受精卵的孵化温度通常在20~30℃，具体温度取决于不同种类的经济鱼类。在孵化过程中，应该保持温度稳定，避免温度波动过大。

（二）孵化时间

经济鱼类受精卵的孵化时间也因不同种类而异。一般来说，孵化时间在 24h～7d。在孵化过程中，需要不断观察和检查受精卵的状态，确保孵化进展顺利。

（三）水质管理

在孵化过程中，需要保持培养液的水质清洁和稳定。定期更换培养液，并控制水质中的氧气含量和二氧化碳含量，以保证受精卵的正常发育。

（四）饲料管理

在受精卵孵化后，需要提供适当的饲料进行喂养。不同种类的经济鱼类需要不同种类和数量的饲料。在喂养过程中，需要注意饲料的质量和数量，避免过度喂养或欠缺喂养。

三、注意事项

（一）防止受精卵霉变

在孵化过程中，需要注意防止受精卵霉变。一旦发现有受精卵出现霉变现象，应该及时将其清除，以避免影响其他受精卵的发育。还要控制死卵的水霉菌，一定要早防、勤防，在受精卵放入孵化设备时就应立即进行消毒处理。目前，常用硫醚沙星、亚甲基蓝、甲醛和苯扎溴铵等药物定期消毒来控制水霉菌。破膜时，还要注意清除破碎卵膜，以防过滤网被堵死，而造成溢卵逃苗事故。当受精卵孵出大量鱼苗时，需要经常换水，及时将鱼苗移出，防止鱼苗密度过大或水质变坏而出现大量缺氧死亡现象。

（二）避免感染疾病

在孵化过程中，需要注意防止感染疾病。通过定期更换培养液、控制水质和加强饲料管理等措施，可以有效地预防疾病的发生。在受精卵孵化过程中，还需要掌握鱼的胚胎发育时间及胚胎的敏感期。如鲑鳟胚胎在外包期至原肠期，振荡就会造成较高的死亡率。

（三）注意消毒

在进行孵化前，需要对孵化器和相关设备进行消毒处理。在孵化过程中也需要定期对培养液进行消毒处理，以保证受精卵的健康发育。

（四）孵化技术

经济鱼类受精卵的孵化过程通常包括在受控环境中孵化卵。其中重要的一个方面是光周期控制的使用，这涉及控制光周期以刺激或抑制卵子的发育。通过控制光周期，孵化场管理人员可以控制孵化时间并优化卵孵化时间，以配合对养殖鱼类最有利的环境条件。

经济鱼类受精卵孵化技术的另一个重要方面是使用专门的孵化场饲料。这些饲料旨在提供鱼幼体生长发育所需的最佳营养平衡。孵化场饲料通常包括蛋白质、脂肪、碳水化合物和维生素来源的混合物，并根据养殖鱼类的营养需求进行配制。

最后，经济鱼类受精卵孵化技术的进步也改善了水质监测和管理。保持良好的水质对鱼苗的健康发育至关重要，现代化的孵化场设施配备了先进的水质监测系统，以确保整个孵化期间的条件保持最佳。

第四节　经济鱼类的苗种培育

中国鱼类苗种培育历史悠久，为我国水产业的发展及其在国际上的地位做出了巨大贡献，特别是中华人民共和国成立后，我国鱼苗培育技术上取得了显著的成绩，主要表现在：研究探明了主要养殖鱼类胚胎发育规律及其摄食方式，适口饵料与食物组成的变化规律，鱼苗的生长规律、耗氧规律及其对池塘生态环境条件的要求，清塘后浮游植物、轮虫、枝角类等浮游生物发生和演替规律；研究并确立了池塘水质培养、调控综合技术和投喂人工配合颗粒饲料等综合技术，建立了苗种培育操作规程，大幅度提高了苗种生长速度、成活率、培养规格、单位产量等综合效益，较好地解决了发展鱼类养殖的"瓶颈"问题，推动了鱼类养殖业的发展。

鱼苗繁殖过程包括选定适合的鱼类，营造适合它们生长的环境，控制水质和温度，管理繁殖过程，培育和照顾鱼苗的成长过程，直到它们成为可以销售或转移到其他鱼塘的鱼类。鱼苗育种对于水产养殖业的发展至关重要。它可以提高生产效益，优化品种选择，促进养殖业可持续发展，提高饲料利用效率，促进水产养殖产业的发展。为了实现这些目标，鱼类良种繁育技术的关键点包括遗传选择和亲鱼管理。遗传选择是育种技术的一个重要方面，可以使农民生产出具有理想特性的鱼；而亲鱼管理则是苗种育种技术的另一个关键方面，涉及用于育种的成鱼的照料和维护，以确保它们的健康和生产力。同时，亲鱼管理还需要专门的喂养和水质管理技术，以确保成鱼健康并为繁殖做好准备。

一、建立养殖设施

（一）育种系统的类型

鱼类育种系统根据水的循环方式可以分为再循环系统（recirculating aquaculture system，RAS）和流通系统（flow – through aquaculture system）两种类型。

1. 再循环系统（recirculating aquaculture system，RAS）

再循环系统是一种封闭系统，水在系统内循环使用，通过滤器和其他处理设备来去除废物和有害物质，保持水质的清洁和稳定。RAS 系统通常用于高密度鱼类养殖，如鲈鱼、鲤鱼和鲑鱼等。相较于传统的流通系统，RAS 系统可以节省大量的水资源，减少废水排放和环境污染，同时也可以提高鱼类的生长率和产量。但是，建立和维护 RAS 系统需要较高的投资和技术成本。

2. 流通系统（flow-through aquaculture system）

流通系统是一种开放式系统，水从外部自然流入鱼池，再流出去，不停地更新。水在流通系统中没有循环，通常需要更大的水量。因为水流动的关系，流通系统的水质相对较为清新，但废水排放量也会增加。流通系统一般适用于低密度鱼类的养殖，如龙虾、虹鳟和罗非鱼等。流通系统需要较低的技术投资和维护成本，但对于环境要求也相对更高。

综合来看，RAS 和流通系统各有优劣，选择何种类型的育种系统需要考虑到养殖鱼种、当地水资源、环保要求和经济成本等多种因素，从而寻求最优的养殖方案。

（二）育种设施的组成部分

鱼类育种设施通常由多个组成部分组成，包括水箱、过滤器、曝气器、照明设备等。表2-2 对这些设施的作用和特点进行具体介绍。

表2-2　常见经济鱼类的育种设施

设施	功　　能
水箱	水箱是鱼类育种系统的核心设施，用于存放水和养殖鱼类。水箱的材质通常为玻璃、塑料或金属等

设施	功　能
过滤器	主要用于去除水中的废物和有害物质，保持水质的清洁和稳定。常见的过滤器类型包括生物过滤器、机械过滤器和化学过滤器等
曝气器	增加水中氧气含量，通过将空气喷入水中，促进气体交换和水的流动，提高鱼类的呼吸和生长效率。曝气器的种类包括喷嘴式曝气器、板式曝气器、管式曝气器等
照明设备	可以模拟自然光照环境，提高鱼类的生长效率和免疫力。照明设备的种类包括白光灯、荧光灯、LED灯等，可以根据鱼类的需要和养殖环境的要求进行选择

（三）水质参数保持

苗种培育水质参数的保持对于鱼类的健康生长和发育非常重要，下面列出一些常见的水质参数及其保持方法：

（1）pH：pH 是衡量水的酸碱程度的指标，不同鱼类对水的 pH 有不同的要求。一般来说，pH 在 6.5~8.5 较为适宜。如果 pH 过高或过低，会影响鱼类的呼吸和代谢，甚至引起死亡。保持 pH 的方法包括定期检测和调节水质、添加碳酸钙等物质来调节 pH。

（2）溶氧量：溶氧量是衡量水中氧气含量的指标，对于鱼类的呼吸和代谢非常重要。一般来说，鱼类需要的溶氧量在 5~7mg/L，如果溶氧量过低，会影响鱼类的生长和健康。保持溶氧量的方法包括增加曝气器数量和功率、增加水流速度、增加水面面积等。

（3）温度：水温对鱼类的生长和代谢有重要影响，不同鱼类对水温有不同的要求。一般来说，水温在 18~30℃ 较为适宜。如果水温过高或过低，会影响鱼类的食欲、消化和免疫力。保持水温的方法包括控制养殖环境的温度、增加水泵和加热器的数量和功率等。

（4）氨氮和亚硝酸盐：氨氮和亚硝酸盐是鱼类育种过程中常见的有害物质，它们会对鱼类的健康和生长产生不利影响。保持水质的方法包括定期检测水质、控制饲料投喂量、增加过滤器数量和功率等。

（5）水质循环：水质循环是保持水质稳定的重要手段之一，可以有效降低废物和有害物质的积累，同时增加水中氧气含量和维持水温稳定。保持水质循环的方法包括增加过滤器的数量和功率、增加曝气器的数量和功率、增加水泵的数量和功率等。

苗种培育水质参数的稳定是商业鱼类育种成功的重要因素之一。为了保持水质参数的稳定，需要定期监测水质参数，采取相应的措施进行调节。在选择育种设施和水处理设备时，也需要考虑到这些因素，以确保设施的功能和性能符合育种要求。此外，在苗种培育过程中，饲料的选择和投喂也非常重要。不同鱼类对饲料的要求和口感不同，应根据不同鱼类的生长阶段和特性选择不同的饲料。投喂量和投喂频率也需要根据水质和鱼类的需求进行调整，以避免过度喂养和废物积累。

在苗种培育中，应始终保持育种设施的清洁和卫生。定期清洗和更换过滤器、曝气器等设备，定期更换水质监测仪器和饲料投喂器等设备，以确保设施的正常运作和水质的稳定。同时，应注意预防和控制疾病的发生，及时治疗和隔离患病鱼类，以防止疾病传播和影响苗种的健康生长。

二、亲鱼管理

商业鱼类繁殖的成功与否，不仅与苗种培育和育种设施的管理有关，还与亲鱼的选择、维护和管理密切相关。下面分别介绍亲鱼管理的三个方面：

（一）选择和维护亲鱼

选择和维护优质的亲鱼是商业鱼类育种成功的关键之一。亲鱼应具有优良的品质、强健的体魄和适应力，同时具有良好的生殖能力和生殖性状。在选择亲鱼时，应根据不同鱼类的生长特性和目标市场需求，选择体型适中、健康无病、生长迅速、肉质优良的鱼类。同时，还应选择适宜配对的亲鱼，以确保后代的遗传质量和性状。

亲鱼的维护和管理也非常重要。亲鱼应被放置在单独的水箱中，并定期检查和监测它们的健康状况和水质参数。应定期清理和更换亲鱼水箱内的过滤器和曝气器，以确保水质的稳定和清洁。同时，亲鱼应被适当喂养，并定期检查其食欲和身体状况。对于生殖能力较弱的亲鱼，可以适当地进行人工授精或使用人工控制繁殖技术来提高其繁殖成功率和后代的质量。

（二）产卵技术和时机

产卵是商业鱼类育种过程中的一个重要环节。为了提高繁殖成功率和后代质量，应采取适当的产卵技术和时机。在选择产卵时机时，应考虑鱼类的性成熟度和生殖周期，以及饲养环境和水质条件等因素。同时，应定期监测亲鱼的生殖器官发育情况和产卵状态，以确定最佳产卵时机和方式。

对于不同鱼类，产卵技术和方式也有所不同。一些鱼类可以自然产卵，而其他鱼类则需要人工刺激和控制繁殖。在进行人工控制繁殖时，应采用适当的产卵剂和授精技术，以确保繁殖成功率和后代质量。在授精过程中，应注意不要过度授精，以免影响卵子的发育和孵化。

三、鱼苗育种的未来前景和机遇

商业鱼苗育种是一个快速发展的领域，未来的发展机会很多。商业鱼苗育种的一些未来前景和机会包括：①对可持续来源海产品的需求增加：随着消费者越来越意识到捕鱼对环境的影响和可持续海产品的重要性，对通过水产养殖方法生产的鱼的需求可能会增加，例如商业鱼苗繁殖。②技术进步：技术和基因工程的创新可能为未来的商业化鱼苗育种提供机会。例如，使用转基因鱼可以提高生产效率和可持续性。③拓展新市场：商业鱼苗育种可适应各种用途的鱼类生产，如放养、水产养殖和食品生产。随着对鱼类需求的增加，它可能有机会扩展到新市场并使产品多样化。④合作与伙伴关系：鱼类育种者、研究人员和政府机构之间的合作可以促进新技术的发展，从而改进鱼苗育种作业并提高鱼类产量。⑤技术和基因工程的创新也可能为未来的商业鱼苗育种提供机会：例如，使用转基因鱼可以提高生产效率和可持续性。鱼苗育种是一个复杂且具有挑战性的领域，需要仔细规划和管理。然而，随着对可持续来源海产品的需求不断增加和技术进步，该领域可能存在许多发展和创新机会。

总之，商业鱼苗育种的未来前景广阔，充满发展和创新的机会。通过适应不断变化的市场需求、采用新技术并实施可持续和负责任的做法，商业鱼类育种者可以继续满足对鱼类不断增长的需求，同时最大限度地减少对环境和鱼类的负面影响。

参考文献

［1］徐伟，耿龙武，姜海峰，等．黑龙江鱼类开发利用浅析［J］.水产学杂志，

2017, 30 (2)：50-53.

[2] 魏艳超, 王诗惠, 许云枫, 等. 中国主要经济鱼类亲鱼培育及产后护理技术研究进展 [J]. 经济动物学报, 2023 (3)：1-9.

[3] 王武. 鱼类增养殖学 [M]. 北京：中国农业出版社, 2000.

[4] 黄文文, 陈亮, 晁凤娟, 等. 不同配比的催产激素对泥鳅高效繁育的应用效果研究 [J]. 畜牧与饲料科学, 2012, 33 (4)：28-29.

[5] 熊谱成. 鱼类催产剂的合理使用 [J]. 中国动物保健, 2001 (6)：11.

[6] 骆小年, 赵兴文, 段友健. 中国主要养殖经济鱼类人工催产药物使用进展 [J]. 大连海洋大学学报, 2020, 35 (1)：10-18.

[7] 张忠诚. 家畜繁殖学 [M]. 北京：中国农业出版社, 2004.

[8] 杨军, 董舰峰, 冯德品, 等. 鱼类催产激素对齐口裂腹鱼繁殖的影响 [J]. 湖北农业科学, 2017, 56 (12)：2316-2320.

[9] 宋艳, 曹阳, 梁仁福. 鱼类催产药物应用中注意的问题 [J]. 齐鲁渔业, 2002 (12)：21.

[10] 刘敬中. 鱼类常见催产剂的使用及比较 [J]. 渔业致富指南, 2009 (21)：28.

[11] 王小东. 鱼类催产剂的种类及使用 [J]. 养殖技术顾问, 2014 (6)：109.

[12] 李林春. 水产养殖操作技能 [M]. 北京：高等教育出版社, 2008：94-115.

[13] 柳力月, 李玲璐, 潘鲁湲, 等. 斑马鱼的自然交配产卵及胚胎培养技术 [J]. Bio-101, 2022：DOI：10.21769/BioProtoc.1010937.

[14] 徐伟, 耿龙武, 姜海峰, 等. 淡水鱼类人工繁育技术要点 [J]. 水产学杂志, 2018, 31 (5)：40-43.

[15] 刘雄, 王照明, 金国善, 等. 虹鳟养殖技术 [M]. 北京：农业出版社, 1990：34-70.

[16] 蒋高中. 我国鱼类苗种培育的现状与发展思路 [J]. 家畜生态学报, 2010 (6)：83-86.

[17] 王培琛. 淡水石斑鱼（Cichlasomamanaguense）循环水养殖技术研究 [D].

杭州：浙江大学，2021.

[18] 徐杰，韩立民，张莹. 我国深远海养殖的产业特征及其政策支持 [J]. 中国渔业经济，2021，39（1）：98-107.

第三章 经济鱼类的主要养殖模式

当前，中国已是世界渔业大国，水产品总产量连续30多年居世界之首，2016年达到6901.25万吨，占世界1/3以上。中国渔业呈现出"养殖以淡水养殖为主，淡水养殖以池塘养殖为主"的格局。2016年，中国的淡水池塘养殖产量为2286.32万吨，占淡水养殖产量的71.91%，占全国水产养殖产量的44.46%。在淡水养殖中，2016年，大宗淡水鱼产量2184.67万吨，占淡水养殖鱼类产量的77.59%，占淡水养殖产品产量的68.71%，占水产品总产量的31.66%。

水产品作为现代农业的重要组成部分，是保障优质蛋白供给和食物安全的重要物质基础。水产养殖业在过去30年以年平均8%的速度增长，成为全球食物生产增长最快的部分。水产品已成为继谷类、牛奶之后的第三大蛋白来源，全球70亿人口的动物蛋白摄入，15%以上来源于水产品。中国拥有世界上最为丰富的水生种质遗传资源，是当之无愧的世界水产第一大国。我国水产品总量连续30多年位居世界第一，是世界第一大水产养殖国，第一大水产品出口国，也是世界上唯一一个水产养殖产量超过捕捞产量的国家。2022年全国水产养殖产量5565.46万吨，捕捞产量1300.45万吨，养殖产量占水产总量的81.1%，因而消费者食用的水产品绝大部分来自于养殖。为了更好发展我国鱼类养殖业，现将渔业养殖模式做以下阐述。

第一节　池塘养殖

　　池塘养殖，是一种在池塘或其他封闭水体中养殖水生动物（尤其是鱼类）的方法。这种方法已经使用了几个世纪，至今仍在广泛使用，尤其是在发展中国家。我国池塘养鱼业主要是利用经过整理或人工开挖面积较小（一般面积数亩至十余亩，大的有几十亩）的静水水体进行养鱼生产。由于管理体制较方便，环境较容易控制，生产过程能全面掌握，池塘养殖可进行高

池塘养殖

密度精养，获得高产、优质、低耗、高效的生产效果。池塘养殖技术由原来的单一养殖发展到池塘多品种混养、大面积池塘养鱼、池塘综合高产养殖、池塘机械化养殖、池塘集约化养殖和池塘微流水养殖。近20年来，我国池塘养殖业的规模、种类、技术都在不断地向前发展。本节内容将从池塘养殖技术、养殖模式等来分点介绍。

一、常见技术

（一）静水池养殖技术（表3-1）

表3-1　常见经济鱼类的静水池养殖技术

模式	条件	注意事项
静水池养殖技术	选址	静水池养殖一般选择水源相对稳定的平原或丘陵地带
	建设	选择平坦、开阔的土地，建造一些小型的池塘或水池，形成相对静止的水体。同时，需要安装进出水口、过滤设备等
	养殖管理	静水池内养殖的鱼类需要根据其生长特点和需求进行合理管理。例如，需要控制鱼类的数量、饵料的投放、水质的监测等
	水质控制	静水池养殖需要控制水质，保证水体中养分和氧气充足，同时避免过度投放饵料和化学药品，导致污染和鱼类死亡

（二）循环水养殖技术

该技术是在室内或密闭的环境中，通过机械、物理、生物技术手段来净化循环水，维持水质，增加氧气含量，主要应用于淡水和海水养殖（表3-2）。其特点是利用循环水系统，通过过滤、氧化、净化等处理，使水体中的氧气、养分等物质得到充分利用，达到提高养殖效益和保护环境的目的。

循环水养殖

表3-2 常见经济鱼类的循环水养殖技术

模式	条件	注意事项
循环水养殖技术	循环系统	循环水养殖需要建立完善的循环水系统，包括进水、过滤、氧化、净化等环节，使水体中的氧气、养分等物质得到充分利用
	养殖管理	循环水养殖需要根据不同鱼类的生长特点和需求进行合理管理。例如，需要控制鱼类的数量、饵料的投放、水质的监测等
	水质控制	循环水养殖需要严格控制水质，保证水体中养分和氧气充足，同时避免过度投放饵料和化学药品，导致污染和鱼类死亡
	环境保护	循环水养殖技术强调保护环境，避免污染和破坏生态系统。因此，在循环水养殖中，需要注意避免使用化学药品、控制污染、保护水源等

（三）生态养殖技术

该技术是在野生的水源、河流、湖泊等自然水体中，配合人工管理和控制手段，达到与自然水环境相同的养殖效果（表3-3）。生态养殖技术是一种注重生态平衡和环境保护的养殖方式。它能建立一个相对稳定的生态环境，使水生动物在这个环境中生长，达到提高养殖效益和保护环境的目的。

表 3-3　常见经济鱼类的生态养殖技术

模式	条件	注意事项
生态养殖技术	生态环境	生态养殖技术需要建立一个相对稳定的生态环境,包括水体、植被、微生物等,使水生动物在良好的环境中生长
	生态饲料	生态养殖技术需要使用天然、无污染的生态饲料,避免使用化学饲料和添加剂,保证水生动物的健康和安全
	生态管理	生态养殖技术需要根据不同鱼类的生长特点和需求进行合理管理。例如,需要控制鱼类的数量、饵料的投放、水质的监测等
	生态保护	生态养殖技术强调保护环境,避免污染和破坏生态系统。因此,在生态养殖中,需要注意避免使用化学药品、控制污染、保护水源等

二、池塘条件

池塘是养殖鱼栖息、生长、繁殖的环境,许多增产措施都是通过池塘水环境作用于鱼类,故池塘环境条件的优劣,直接关系到鱼产量的高低。从生态学和生产管理方面考虑,饲养食用鱼的池塘条件包括:水源和水质、面积、水深、土质以及池塘形状与周围环境等,在可能的条件下,应采取措施,改造池塘,创造适宜的环境条件以提高池塘鱼产量。

(一) 水源和水质

水源应充足,未经污染且含有一定数量的营养盐类和浮游生物,溶氧较充足,选择良好的水源,如溪流水、工厂冷却水。由于池塘内鱼类饲养密度大,其投饵施肥量大,池水溶氧量往往供不应求,水质易恶化,导致鱼类缺氧而大批量死亡,若不改善水质,长此以往不利于鱼类生长。鱼池最好靠近河边或湖边。有些水源呈胶体状态,注入池塘中不能转清,应施适量生石灰,以使水转清,使浮游生物正常繁育。受工矿污染的水，含有毒物质不能使用。沼泽地、芦苇地的水，通常有机物质过多，矿物质很少，呈酸性，溶氧量低，是养鱼的劣等水，尽量不采用。

（二）面积

饲养食用鱼的池塘面积应较大，池塘面积过小水环境不稳定，不利于物质循环；面积大，受风面也大，易使水面形成波浪，促使空气中的氧溶入水中，增加水中的溶氧量和促进池水上下对流，加速上下层水的混合，提高下层水中的溶氧量，这对改善水质、促进物质循环十分有利。生产实践表明，池塘面积以 10 亩左右为好。池塘过大，投喂饲料时易造成鱼类摄食不均，水质也不易控制。

（三）水深

渔谚说"一寸水，一寸鱼"，反映了水深和鱼类生长、鱼产量的关系。具备必要的水深，是池塘高产的重要条件。但是过深的池塘，下层光合作用弱，上下层水混合困难，下层溶氧不足，阻碍物质循环，降低池塘生产力，同时也增加新开挖池塘的土方投资。因此，池水过深也不好。池水深度一般以 2.5~3m 为宜。池塘面积较小时，水可略浅些。

（四）土质

修建鱼池的土质最好是壤土，其保水保肥力适中，透气性好，饵料生物生长好，砂壤土保水保肥力较壤土差，但透气性好，可以建造池塘。黏土也可以挖鱼池，其保水保肥力强，透气性差，在培养水质和操作管理上都不如壤土和砂壤土好。沙土保水力太差，不宜建造池塘。池塘底应有 10cm 左右淤泥，以利于保持水质肥度和物质循环及饵料生物生长。但底质淤泥不能过多，因为淤泥中有机物分解消耗水中溶解氧，易使水质恶化，酸性增强，病菌易大量繁殖。

（五）形状与周围环境

鱼池形状最好是东西长、南北宽的长方形，这种形状的鱼池优点是池埂遮荫小，水面日照时间长，有利于浮游植物光合作用，并且夏季多东南风和西南风，水面容易起波浪。长方形池的长宽比以5：3为最好，考虑外形美观且利于后期管理操作。

三、混养模式

养殖业是中国农业的重要组成部分，而池塘养鱼作为养殖业的重要形式之一，其混养模式更是提高产量和经济效益的重要措施。混养是指在同一池塘或养鱼水域中，同一养殖周期内放养几种不同种类和规格大小的鱼。这种养殖方式不仅可以合理利用各个水层和各种天然饵料资源，还能够调节水质、防治病害、提高鱼产量。不同种类的鱼在同一水域内生长可以互相促进，提高生产力和经济效益。混养系统还可以改善水质和减少疾病传播的风险，从而提高水产养殖的可持续性和经济效益。

混养的鱼类要根据鱼类的食性和习性的不同，选择彼此争食较少，且相互有利的种类，才能取得好的效果，才是具有科学性的"合理混养"。巧妙利用各种鱼类生活习性之间的差异性和互补性，在主养品种中适当混养部分有利的品种，达到调节水质、防治病害、以鱼养鱼的目的。常见的混养类型有：①以草鱼为主的混养类型。②以鲢、鳙为主养鱼的混养类型。③以青鱼为主养鱼的混养类型。

第二节　工厂化养殖

工厂化水产养殖是工业、科技与渔业结合发展的产物，是集工厂化、机械化、信息化、自动化于一体的现代水产养殖模式。工厂化养殖是采用现代工业技术和现代生物学技术，在半自动或全自动系统中养殖（包括育苗）优质鱼、虾、贝类水产品，并对全过程实行半封闭或全封闭管理的一种无污染、商业性和科学化的养殖生产方式。工厂化养殖目的是在高密度的饲养条件下，能够根据鱼类生长对环境的需要，建立人工小气候，以控制其最适生长环境，同时根据鱼类对营养的需求，定量供应鱼类喜食的天然饵料和配合饲料，满足鱼类生长，促使养鱼生产走上工业化道路。

工厂化养殖

一、工厂化养鱼的类型

陆上工厂化养鱼形式多样，主要有普通流水养鱼、温流水养鱼和循环流水养鱼三种类型。

（一）普通流水养鱼

普通流水养鱼是利用自然海水经过简单处理后（如砂滤），无须加温，直接流入养鱼池中，用过的水直接排放入海的养鱼方式。这种方式设备简单、投资少，适合于南方适温地区的短期或低密度养殖，为工厂化养鱼的最低级阶段，适合鲷类、花鲈、石斑鱼、牙鲆、河鲀等海水肉食性鱼类养殖。

（二）温流水养鱼

温流水养鱼是 20 世纪 60 年代初最早由日本发展起来的一种工业化养鱼方式，它利用天然热水（如温水井、温泉水），电厂、核电站的温排水或人工升温海水作为养鱼水源，经简单处理（如调温）后进入鱼池，用过的水不再回收利用。由于地热水、温泉资源有限，此种养殖方式主要应用在工厂温排水的综合利用上。目前，温流水养鱼在日本、俄罗斯、美国、德国、丹麦、法国等国较为盛行。我国近年来发展较快，如山东省胶东地区现已建有温流水养鱼厂数十家，养鱼面积约 200000m²，年产各种高档海水鱼 1000t 以上，养殖种类有牙鲆、石鲽、黑鳃、六线鱼、鲷类等。这些养鱼厂的调温方式主要有三种：①燃煤锅炉升温+自然海水式，如山东省威海崮山养鱼厂、荣成寻山养鱼厂等。②电厂温排水+自然海水式，如青岛黄岛电厂养鱼厂、威海华能电厂养鱼厂等。③温水井+自然海水式，如荣成市丘家渔业公司养鱼场和山东省蓬莱鱼类养殖试验厂等。这种养鱼方式工艺设备简单，产量低，耗水量大，为工业化养鱼的初级阶段。

（三）循环流水养鱼

循环流水养鱼又称封闭式循环流水养鱼，其主要特点是用水量少，养鱼池排出的水需要回收，经过曝气、沉淀、过滤、消毒后，根据不同养殖对象不同生长阶段的生理需求，进行调温、增氧和补充适量（1%~10%）的新鲜水（系统循环中的流失或蒸发的部分），再重新输入养鱼池中，反复循环使用。此系统还需附设水质监测、流速控制、自动投饵、排污等装置，并由中央控制室统一进行自动监控，是目前养鱼生产中整体性最强、自动化管理水平最高、且无系统内外环境污染的高科技养鱼系统，是工业化养鱼的较高水平，也是工厂化养鱼的主流技术和发展方向。

二、工厂化养殖设备与技术

（一）循环水产养殖系统（RAS）

RAS 是一个闭环系统，可在鱼缸中循环水，最大限度地减少水资源浪费并减少养鱼对环境的影响。该系统由一系列水箱、泵、过滤器和生物过滤器组成，它们协同工作以保持鱼缸的最佳水质和氧气水平。

（二）自动喂食系统

自动喂食系统旨在定期向鱼分配营养全面的
食物。这些系统有助于降低劳动力成本并确保鱼
获得适量的饲料。

工厂化养殖设施

（三）监测和控制系统

这些系统使用传感器和计算机软件来监测水质参数，例如温度、
pH、氧气水平和氨水平。然后分析数据以确定是否需要进行调整以
保持鱼类的最佳条件。

（四）生物安全系统

生物安全系统通过限制人员、车辆和设备进出设施的移动，帮
助防止疾病在养鱼场之间传播。这些系统可能包括消毒站、隔离区
以及定期检测鱼和水样。

三、工厂化养殖的管理与监控

（一）水质管理

保持最佳水质对于鱼类的健康和生长至关重要，因此需要定期监测
水质参数，如温度、pH、氧气水平和氨水平，并根据需要进行调整。

（二）疾病管理

集约化水产养殖系统中的鱼类更容易感染疾病，因为放养密度
高且鱼类彼此距离很近。疾病管理包括定期健康检查、接种疫苗以
及在必要时使用适当的治疗方法。

（三）劳动力管理

鱼类工厂化养殖需要熟练的劳动力来操作与维护设备和技术。
劳工管理包括培训员工、安排工作班次以及确保遵守安全法规。

总之，鱼类工厂化养殖是在受控环境中生产大量鱼类的高效方法。该系统的成功需要使用适当的设备和技术，以及有效的管理和监测实践，以确保最佳的水质、疾病预防和饲料管理。

第三节　网箱养殖

网箱养鱼属高密度集约化的设施渔业之一。在天然水域条件下，利用合成纤维网片或金属网片等材料装配成一定形状的箱体，设置在水体中，把鱼类高密度地养殖在水箱中，借助水箱内外不断地水体交换，维持箱内适合鱼类生长的环境，利用天然饵料和人工投饵培育鱼种或饲养商品鱼，这种养鱼方法称作网箱养鱼。网箱养鱼最大的特点是：鱼被限制

网箱养殖

在较小的空间内，降低了运动强度，减少了运动耗能，提高了饵料的利用率和鱼体肥满度，促进了生长；鱼被限制在网箱中，得到了较好的保护，降低了避敌等耗能，也增加了生产和销售的灵活性；网箱内外水体的交换，给鱼提供了更加适宜的生活环境。

一、网箱设计与建造

淡水网箱的养鱼方式主要是利用网状的围栏，设置成箱体的形状，放置在鱼塘当中，将不同种类的鱼分开管理。通常情况下，网状围栏的材质会选择金属或者合金的材料，以防水性能高、且不易变形为基本原则进行挑选。而要想保证淡水网箱能够发挥作用，相关工作人员还需要合理选择网箱的设置地点，以及挑选好网箱的形状和种类。

（一）根据封闭情况进行分类

一般来说，通过网状箱体的封闭情况来看，淡水网箱可以设置成两种形式，分别是顶部开口式以及全封闭的形式。不同的开口形式有不同的适应条件，比如，如果在水流比较湍急，或者当地自然气候当中的大风现象比较频繁的情况下，就需要选择封闭形式的网箱来进行安装。同时，北方由于冬季的温度影响，养鱼池会涉及到水面结冰以及冰面融化的问题，因此也需要设置成四周封闭形式的网箱。而一般南方风浪比较小的地区，就会选择顶部开口的形式。

（二）根据网箱形状及设置方式分类

同时，淡水网箱从形状上来看，可以设置成四边形、多边形以及圆形，具体的选择方式可以结合整体的美观性以及池塘的分布特点进行综合选择。而针对于网箱的设置方式来说，可以分为固定式、漂浮式以及下沉式三种类型。固定式的网箱会在水底采取一些固定措施，让箱体无法移动，这种方式通常会应用在风浪比较大的地区，以防止箱体被风吹翻或者吹动。但箱体无法移动，在维修和管理方面会给工作人员造成一定的困难，不是特殊的情况下，一般管理人员不会选择这种方式设置网箱。而漂浮式的淡水网箱，是现阶段应用比较广泛的一种形式，其主要是通过设置一些悬浮装置，或者搭建水下的结构框架，让网箱可以漂浮在水面上，这个装置通常需要选择封闭式的网箱，防止风浪来袭给管理工作造成困扰。最后，下沉式淡水网箱主要应用于我国北方地区，当涉及池塘结冰的问题时，通过将网箱沉入水底的方式，解决鱼群过冬的问题。

二、网箱结构

（一）网箱材料

网箱由箱体、框架、浮子、沉子和固定位置的锚组成。网衣材料采用聚乙烯线。网线规格：鱼种箱为 3m×1m，水库、湖泊使用成鱼箱为 3m×2m、3m×3m，河道使用成鱼箱为 3m×3m、3m×4m。网箱附件一般选料为：支撑系统用竹或木结构，用铁锚或石块固定，漂浮系统以竹木作框架，以废汽油桶作浮子。

（二）网箱的形状与规格

网箱形状的确定，主要从便于操作管理和有利水体交换来考虑，采用长方形最理想。目前普遍采用的网箱规格：成鱼箱 7m×4m×2m，鱼种箱 3m×2m×2m。网箱网目的大小，应根据养殖对象规格确定。

三、深远海养殖

由于环境的日益恶化，沿海近岸的海产品产出日渐减少，现有产出量已经不能满足人们对海产品的需求。伴随着渔业资源的减少，海洋渔业也从传统捕捞作业向海水养殖进行转变，尤其是深远海网箱水产养殖已经成为我国海水水产养殖业的发展趋势。相比于美国和欧洲等，我国深远海网箱水产养殖起步较晚，"海洋渔场 1 号"深远海网箱的成功建造，掀起了设计建造深远海网箱的发展潮，截至目前我国深远海网箱种类已达到 20 多种。相比于普通的海水水产养殖，深远海网箱养殖可以在更深、更广的外海水域进行，同时借助外海水域优良的水质和环境，可以更好地提高水产养殖的产量。

我国高度重视深远海养殖的发展。2013 年，国务院办公厅发布了《关于促进海洋渔业持续健康发展的若干意见（国发〔2013〕11

号）》，要求控制近海养殖密度，拓展离岸深远海养殖，提高设施装备和组织管理水平。2019 年，农业农村部、自然资源部等十部委联合发布了《关于加快推进水产养殖业绿色发展的若干意见（农渔发〔2019〕1 号）》，明确提出支持深远海绿色养殖，鼓励深远海大型养殖装备的研发和推广应用，提高养殖设施装备水平。2020 年，我国发布的《国民经济和社会发展第十四个五年规划和 2035 远景目标纲要》明确指出要积极拓展海洋经济发展空间，协同推进海洋生态保护、海洋经济发展，建设海洋牧场，优化深远海绿色养殖布局，发展可持续远洋渔业。深远海养殖装备集成了船舶海工设计建造和先进养殖技术，为深海养殖集约化、规模化、智能化发展提供了重要技术保障。因此，发展深远海养殖装备可形成优质、可持续的海上生产能力，支撑我国海洋渔业转变传统低效生产方式，助推"深蓝渔业"重大战略的实施。

我国养殖工船的研发还处在起步阶段。2017 年，由中国水产科学研究院和中国海洋大学联合研发了中国第一艘养殖工船"鲁岚渔养 6169"，该船长 86m，型宽 18m，型深 5.2m，能提供 2000m³ 养殖水体，通过舷侧取水管实现冷水团取水。该船有 14 个养鱼水舱，配备鱼苗孵化室、鱼苗实验室、饲料舱、鱼类加工间等配套齐全的舱室设备，可满足鱼苗培育和养殖场看护要求，营造鱼类最佳生长环境，为养殖工船系统优化和技术推广积累了工程经验。

第四节　稻渔综合养殖模式

一、概述

稻田养鱼是一种传统的农业实践，即在同一块田地或附近的水体中种植水稻和养鱼。它是一种综合农业，结合了水稻种植和养鱼的优势，创造了一个可持续的生态系统。该模式也是按照人为意识构建的一个稻田生态系统，系统中水稻、鱼、其他动植物和微生物等之间形成捕食、竞争、互惠等生态食物

鱼菜共生

链关系，使稻田生态系统在生物结构、生存空间、能量流动、食物供应等方面都得到一定程度的改善，有利于最大程度发挥稻田的生产和养殖潜力。

稻田养鱼一般可分为稻鱼共养、稻鱼轮作、稻鱼+其他养殖动物等多种种养模式。

（一）稻鱼共养

稻鱼共养模式是一种集农业和养殖业于一体的生产模式，旨在实现生态循环、资源共享和效益最大化。该模式的核心是将稻田和鱼塘合理地组合起来，通过充分利用水体、土地和有机肥料等资源，实现稻田和鱼塘的相互促进和协调发展。稻鱼共育期间，要注意观察水稻与鱼苗生长、水质与水位变化、饲料投喂与剩余等情况，并注重水稻病虫草害、鱼的天敌、鱼病等防控，稻鱼共生系统确保了当地粮食安全，高效利用了水土资源，降低农药和化肥的投入，减少了农业环境污染，对农业可持续发展起着积极作用。

（二）稻鱼轮作

稻鱼轮作，一茬一茬轮作。稻鱼轮作除开挖沟渠多为环形围沟外，其余工程同稻鱼共育模式。稻鱼轮作是指在不同年际间轮流开展水稻种植和鱼养殖，即水稻收获后，秸秆可全量还田，稻田灌深水，配施一定的农家肥等有机肥料，调肥水体，将养殖的鱼苗放入稻田，鱼苗采用多品种和高密度放养，不种植水稻，全力做好鱼的养殖，待鱼收

获后，再行种植水稻，以此循环。通过鱼类与水稻的互养共生，改善水稻生长环境，促进鱼类的健康生长，提高养殖效益。这种模式适用于水稻和鱼类生产都很重要的大型农场。在水稻生长季节将鱼养殖在单独的池塘或水槽中，然后在下个季节将鱼塘排干水并改造成稻田。稻鱼轮作的特点是能对资源进行高效利用，并可节省水资源和土地资源，在较低投入成本的情况下，获得较高的收益，促进渔业和农业的双重发展，同时，有助于农村地区脱贫攻坚和产业振兴。

（三）稻鱼+其他养殖动物

稻鱼和鸡、鸭共育作为一种新型的种养模式，在不破坏农田原有结构下可实现鸡、鸭和鱼共生。这些动物有助于控制稻田的害虫和杂草，而它们的粪便则可作为水稻和鱼类的天然肥料。这种模式适用于小规模的综合农业，在同一个系统中生产多种类型的产品。水稻垄作养鸡和水稻垄作养鸡养鱼处理的植株根系形态构成指标略优于常规水稻垄作栽培（其中部分指标达显著水平），且在水稻生长后期保持较高的生理活性，利于减缓根系衰老进程，为水稻地上部良好的生长发育和产量的形成奠定基础。水稻移栽前采用起垄机械将稻田改造为凸起的垄和凹下的垄沟，适当修整垄和垄沟后，将水稻移栽于垄两侧，垄沟蓄水且保持一定水位，垄肩区域保持湿润无水状态，为鱼和鸡的生长开辟空间。水稻移栽 15~20d，放养鸡苗 900 只，鲫鱼 400 尾和草鱼 40 尾，鸡和鱼在垄肩捕食与活动，在不施或少施农药的情况下，能够将田间病虫草害控制在较低的发生率，并且鸡和鱼排泄的粪便能够直接还田进而培肥土壤。改造后的垄和垄沟也可将灌溉水或自然降水集中于垄沟，改变平作稻田的平面集水模式，降低平作稻田水面面积及排水带来的水体富营养化的风险，为水稻的生长发育奠定良好的土壤和水体环境，最终实现"一水多用、一田多收"。

（四）其他养殖模式

除以上几种模式外，还有其他的稻田养鱼模式，如在较大的水体中使用网箱或围栏，或采用鱼类与虾、螺等其他水生生物相结合的混养系统。这些模式适用于水资源丰富、投资能力较高的地区。总体而言，稻田养鱼是一种灵活且适应性强的养殖模式，可以根据当地条件和养殖目标进行订制。通过结合水稻和鱼类种植，农民可以最大限度地利用土地和水资源，同时提高粮食安全、收入和环境可持续性。

二、稻鱼综合种养关键技术

（一）田间工程技术

在进行稻田养鱼之前，稻田的选择至关重要。首先，选取的稻田所在位置应水源丰富、水质良好且排灌水方便；鉴于沙田的储水性能较差，稻田养鱼应尽可能避免选用沙田。其次，选取的稻田应具有良好的保水性、透气性和酸碱平衡，且未受到金属污染；对于降雨较多的地区，应尽量选择在平坦的地区和不易发生洪涝灾害的位置，同时尽量避免异常天气的影响。最后，选择水稻品种时尽量考虑抗倒伏和抗病害的能力，利用大苗移栽的方法，进行宽行密植。除此之外选择的土壤宜肥沃、排水良好，pH 为 6~7.5。对比常规稻田种植，稻田养鱼需要加高加宽田埂（田基），插秧前在田埂上挖掘鱼沟和鱼凼（也称鱼溜），其形状根据水田面积划定。鱼凼一般建在田中央或者田对角，一般占总面积的 5%~10%，深度为 1.0~1.5m，形状可设计为圆形、椭圆形、正方形，四周侧面做硬化护坡。为便于水体交换，进出水口要对开。不仅鱼沟与鱼坑之间需要互通，鱼沟之间也要互相连通。在挖鱼沟时要尽量保持直向，便于鱼的流动，且有利于通风。

（二）高效栽培技术

在完成田间工程后，可实施水稻高效栽培和鱼苗放养。通过"合理密植、环沟加密"，保证单位面积水稻种植穴数与单一水稻种植模式比不减少，并充分利用边际效应。首先，在水稻种植区进行插秧，常规选择插秧密度为（10~15）万株/hm^2；其次，进行鱼苗放养，放养时间通常选在水稻插秧后的一周，且放养前应确定好苗种的选择。目前，稻田养鱼多选择草鱼、鲤、鲫、泥鳅等作为主要养殖品种。实际进行苗种选择时应因地制宜，选择适应于稻田浅水环境、温度变化大、低溶氧、生长周期短、生长快、中下层栖息性、草食性或杂食性、市场价值高且适合当地的品种进行养殖，其放养密度因水稻实际种植情况、总体养殖面积、选定的苗种等不同应有所差别。

（三）水质调控技术

该项技术的核心是进行水位调节。首先要根据季节、天气和水质变化及时调整水位，其次是根据水稻晒田治虫要求调控水位。一般在稻田浅水插秧、深水扶苗的基础上，从插秧起到分蘖数达到指标这段时间内，水深应以稻为主，不灌深水；当分蘖数达到指标后，鱼体也长大了，此时则应按鱼的需求确定水深，采用深灌水控制分蘖；到水稻生长后期，尤其是高温季节，则要求深灌水。水质调控可以采用物理化学调控技术、水位底质改良技术、栽种水草调控技术，达到水质的"肥、活、嫩、爽"。

（四）生态防控技术

通过推广优质品种、跟踪种养品种特性、发布主要病害预测预报等防控措施，建立"生物控制、群落重建、立体防控"生态防控技术体系。稻田养殖鱼类后，鱼不仅可吞食水稻的害虫，如稻飞虱、螟虫、稻螟蛉、稻叶蝉、稻象鼻虫、浮尘子等，还可吃掉多余的"稻脚叶"和杂草，使稻田通风，透光性增强，增加溶氧，从而提高水稻抗病害能力。因此，稻田养鱼不仅可以减少水稻病虫害和杂草，而且可以降低农药喷施量。

（五）协同施肥技术

肥料的种类与数量和施肥的时间与方法对稻、鱼的生长发育有较大影响，应坚持以有机肥为主、化肥为辅，基肥重施、追肥轻施的原则。基肥占总施肥量的 70%~80%，追肥占 20%~30%，从而实现饲料肥源再利用、粪肥循环利用和酵熟有机底肥的施用。

（六）配套捕捞关键技术

稻田养鱼通常是先收鱼再收稻。捕鱼主要采用流水迫聚和地笼诱捕两种方式，捕鱼过程中需要注意保护鱼体，尽量避免鱼体受伤和死亡，成鱼要保持活体上市。成鱼起捕后，应先洗净淤泥，再进行分类、分规格，对于不符合食用标准个体的鱼种，可将其放入人工养殖池中进行强化饲养后再销售，或转入其他养殖水面作为翌年放养苗种。

（七）加强管控技术

饲养管理是提高稻田养鱼产量的关键。在养鱼过程中需要注意：①投饵与施肥：根据天气、水的肥度、鱼类大小及活动情况投喂精、青饲料，做到定质、定时投喂，投饵量为鱼类放养量体重的5%左右。同时，要根据水稻生长和鱼类饵料生物生长的要求，适时、适量追施有机肥或无机肥。②适时调节水深：随着鱼类生长，应逐步加深水位，扩大鱼类的活动空间，以利生长。③及时清整鱼沟和鱼，便于晒田时鱼类有一定的活动空间。④注意防逃：对养鱼稻田应经常巡查，特别是在大雨时更应日夜查看，以防逃鱼。⑤做好防暑降温工作：由于稻田水浅，酷暑时水温有时达 38～40℃，必须采取措施，及时揣水降温或适当加深水位。⑥认真做好鱼病防治工作，保证鱼类顺利生长。⑦防治水稻病虫害时，应注意对鱼类采取保护措施，防止鱼类中毒死亡。

三、稻田养鱼的优势与效益

与传统的单一养殖做法相比，稻田养鱼具有多项优势。它有助于提高农业生产力、增强粮食安全并促进环境可持续性。通过将水稻种植和养鱼结合起来，农民可以获得多重效益，例如增加水稻产量、提高鱼类产量、减少病虫害、改善土壤肥力和水质。

稻鱼共养模式的优点主要体现在以下几个方面：

（一）生态环保

稻鱼共养模式采用自然生态循环的方式，将稻田和鱼塘有机地结合在一起，避免了化肥、农药等化学物质对环境的污染，同时通过稻草和鱼粪等有机物质的分解，增加了土壤的肥力和水质的清洁度。

（二）资源共享

稻鱼共养模式将稻田和鱼塘有机地结合在一起，实现了水、土、肥料等资源的共享，降低了生产成本，提高了经济效益。

（三）多元经营

稻鱼共养模式不仅可以种植水稻，还可以养殖鱼类、虾类等水产品，实现多元经营，提高了农民的收入。

（四）生态旅游

稻鱼共养模式具有很强的生态旅游价值，游客可以在美丽的稻田和清澈的鱼塘中感受自然之美，享受农家乐的美食和民俗文化。

总之，稻鱼共养模式是一种可持续发展的生产模式，具有很强的生态、经济和社会效益。在实践中，需要注重科学规划、科学管理和科学技术应用，不断提高生产效率和产品质量，推动农业现代化和乡村振兴。

四、盐碱水综合利用

稻田养鱼受到关注的另一个方面是其对盐碱水体综合利用的潜力。养殖导致的盐碱地和盐碱水域是包括中国在内世界许多地区的普遍问题。这些类型的土壤和水域不适合传统农业，但可用于养鱼。

稻田养鱼可以为盐碱水体的综合利用提供解决方案，因为鱼类可以在这些条件下茁壮成长，同时也有助于水稻生产。此外，水稻植物可以吸收水中多余的养分和污染物，改善水质，创造可持续的环境。

（一）盐碱水形成原因

盐碱水是一种高盐、高碱的水质类型，它的形成是由多种因素所致。在自然界中，盐碱水的形成与土地的盐碱化密切相关，而在人类活动中，盐碱水的形成则与人类的生产生活密不可分。盐碱水具体的形成原因有以下几点。首先，盐碱水的形成与气候条件有关。在干旱地区，蒸发量大于降水量，地下水位下降，导致地下水中的盐分浓度逐渐升高。此外，在高温和强风的情况下，地表水蒸发速度加快，地表土壤中的盐分被带到地表，形成了盐碱化现象。其次，盐碱水的形成与土地利用方式有关。在农业生产中，长期过度使用化肥和农药，以及不合理的灌溉方式都会导致土地盐碱化。过度放牧和过度开垦也会破坏土地生态平衡，导致土地盐碱化。此外，城市化进程也是盐碱水形成的重要原因之一。城市建设过程中，大量混凝土、沥青等建筑材料的使用，以及污水或者污染物，都会对周围环境造成影响。例如，城市道路和建筑物的排水系统可能会将污染物排入附近的水体中，导致水体污染和盐碱化。最后，人类活动也是盐碱水形成的重要原因之一。例如，工业生产中废水排放、矿山开采、海水淡化等活动都会对周围环境造成影响，导致盐碱化现象。

（二）处理方法

1. 植物修复法

植物修复法是一种通过植物吸收、转化、积累或降解污染物质的方法。在稻鱼养殖中，可以选择一些具有耐盐碱性的植物进行种植，如碱蓬、芦苇、红树等。这些植物可以吸收盐碱水中的盐分和重金属等有害物质，将其转化为植物体内的有机物质，达到净化水质的目的。据研究表明，采用碱蓬等耐盐碱植物进行修复，可以将盐碱水中的氯离子、硫酸盐等有害物质降解 50% 以上，有效提高水质。

2. 生态滤池法

生态滤池法是一种利用生态系统自净能力对水体进行净化的方法。在稻鱼养殖中，可以建设生态滤池，通过植物、微生物等生态系统进行自净，将盐碱水中的有害物质降解、转化，达到净化水质的目的。同时，生态滤池还可以利用滤池中的植物进行种植，实现多种农业生产方式的综合利用。养殖降低盐碱、改善土壤，种植提供精粗饲料、富集盐碱，两者结合动态循环，实现渔农综合利用。通过这种方式，我们可以打造出一条渔业与生态修复合二为一的经济循环链。

3. 反渗透技术

反渗透技术是一种通过半透膜将水中盐分、重金属等有害物质过滤出去的方法。在稻鱼养殖中，可以采用反渗透技术对盐碱水进行处理，将其中的盐分、重金属等有害物质过滤出去，得到较为纯净的水源。同时，反渗透技术还可以对废水进行再利用，实现水资源的节约和综合利用。采用反渗透技术对盐碱水进行处理后，得到的水源中总溶解固体浓度可降至 100mg/L 以下，达到国家饮用水标准。

综上所述，稻鱼养殖中处理盐碱水的方法多种多样，可以采用植物修复法、生态滤池法、反渗透技术等多种技术手段。这些方法不仅能够达到净化水质的目的，还可以实现多种农业生产方式的综合利用。因此，在稻鱼养殖中处理盐碱水是可行的，并且具有广阔的应用前景。

参考文献

[1] 何安华，郭铖，陈洁. 要素流入能提高大宗淡水鱼养殖户的养殖效率吗？——以池塘养殖为例 [J]. 中国农村经济，2018（7）：46-62.

[2] 胡方珍，盛伟群，王体涛. 深远海养殖装备技术现状及标准化工作建议 [J]. 船舶标准化工程师，2021，54（5）：6-12.

[3] 徐皓，谌志新，蔡计强，等. 我国深远海养殖工程装备发展研究 [J]. 渔业现代化，2016，43（3）：1-6.

[4] 陆祥超. 稻鱼轮作生态高效养鱼技术要点 [J]. 世界热带农业信息，2021（9）：63-64.

[5] 唐建军，李巍，吕修涛，等. 中国稻渔综合种养产业的发展现状与若干思

考 [J].中国稻米，2020，26（5）：1-10.

[6] 李书琪.稻田养鱼过程中鱼苗投放及管理技术 [J].畜牧兽医科技信息，2021（3）：205.

[7] 徐跑.中国稻鱼综合种养的发展与展望 [J].大连海洋大学学报，2021，36（5）：717-726.

[8] 陈学洲，来琦芳，么宗利，等.盐碱水绿色养殖技术模式 [J].中国水产，2020（9）：61-63.

第四章 经济鱼类的营养与饲料

经济鱼类的营养需求与其生长阶段、物种和环境等因素密切相关。一般来说，它们需要蛋白质、脂肪、碳水化合物、维生素和矿物质等多种营养素。营养素不足会影响其生长、繁殖乃至健康，过多的营养素也会产生不利影响。为了满足经济鱼类的营养需求，饲料也需要具备多种营养素，包括优质蛋白质、脂肪、碳水化合物、维生素和矿物质等。不同种类的鱼类对于饲料的要求也有所不同。例如，肉食性鱼类需要更高含量的蛋白质和脂肪，而草食性鱼类则需要更多的植物性蛋白质和碳水化合物。现代饲料技术已经可以根据不同鱼类的需求，生产出具有特定营养成分的饲料，以提高生产效率和经济效益。同时，高效的投喂技术也可以减少饲料的浪费，保证经济鱼类的养殖质量和数量。本章节将展开讲述常见经济鱼类的营养需求、饲料原料和高效投喂模式。

第一节 常见经济鱼类的营养需求

鱼类是人类膳食中重要的蛋白质来源之一，同时也富含多种营养素，如 $\omega-3$ 脂肪酸、维生素 D 和矿物质等，不同种类的鱼类对于营养元素的需求有所不同，了解它们的营养需求可以帮助我们更好地满足它们的生长和健康需要，提高生产效率和质量。迄今为止各种研究已证明各种动物均不同程度需要 50 种以上的必需营养素，并研究了主要营养素的营养需要量以及营养缺乏或过量对水产动物生产和健康的影响。此外，鱼类的营养需求也与人类的健康密切相关。

一、蛋白质

鱼类是一类对蛋白质需求量较高的生物，这是由其生理特性和生存环境所决定的。蛋白质是鱼类维持身体正常生理机能和生长发育所必需的重要营养素，同时也是构成鱼体组织和细胞的基本结构成分之一。鱼类作为一类冷血动物，其代谢率相对较低，需要通过摄入足够的蛋白质来维持其正常代谢水平。鱼类在水中生活，其身体需要承受水流的冲击和浮力的影响，而蛋白质可以支撑其身体结构和运动能力。鱼类的生长速度较快，其细胞分裂和组织修复的速度也较快，需要蛋白质来支持其生长发育和维护其身体健康。鱼类还需要足够的蛋白质来支持其繁殖过程，如卵巢和精巢的发育、卵子和精子的形成等。不同种类的鱼类对蛋白质的需求量也有所不同。例如，食肉性鱼类需要更多的蛋白质来支撑其强壮的肌肉和狩猎能力，而草食性鱼类则需要更多的植物蛋白来满足其营养需求。

二、脂肪

脂肪对鱼类的生长和健康都有着至关重要的作用，因此鱼类对脂肪的需求也非常高。脂肪是鱼类身体所需的重要能量来源，鱼类需要大量的能量来维持其生命活动和生长发育，而脂肪是高能量的营养物质之一，可以被身体快速吸收和利用，为鱼类提供必要的能量支持。脂肪对鱼类的生长和发育有着重要的促进作用，脂肪中含有丰富的脂溶性维生素和必需脂肪酸，这些物质对鱼类的生长和发育至关重要。例如，必需脂肪酸可以促进鱼类的免疫系统发育和维护，同时还可以增强其抗病能力。脂肪还可以影响鱼类的味道和口感。因此，在养殖过程中，保证鱼类摄入足够的脂肪也是非常重要的。需要注意的是，不同种类的鱼类对脂肪的需求也有所不同。例如，淡水鱼类对脂肪的需求相对较低，而海水鱼类则需要更多的脂肪来适应海洋环境。因此，在饲养和捕捞过程中，需要根据不同种类的鱼类特点来合理调配脂肪含量。

三、碳水化合物

碳水化合物是鱼类生长和代谢所必需的营养物质之一，它们能够提供能量和构建鱼体组织所需的碳源。碳水化合物是鱼类的主要能量来源之一，鱼类需要能量来维持其正常的生理活动，如游泳、呼吸和消化等。碳水化合物是鱼类体内代谢产生 ATP（三磷酸腺苷）的重要物质，ATP 是细胞能量的主要来源，也是维持鱼类生命活动所必需的物质。碳水化合物还参与了鱼类体内蛋白质和脂肪的代谢。鱼类需要蛋白质来维持其正常的生长和发育，而碳水化合物可以提供碳的来源，促进蛋白质的合成和修复。此外，碳水化合物还可以被转化为脂肪酸，参与鱼类体内脂肪的合成和分解。鱼类对碳水化合物的需求还与其生长阶段和环境条件有关。不同种类的鱼类在不同的生长阶段对碳水化合物的需求量也不同。例如，幼鱼需要较多的碳水化合物来支持其快速生长和发育，而成年鱼则需要较少的碳水化合物来维持其正常代谢。此外，水温、光照、水质等环境条件也会影响鱼类对碳水化合物的需求。了解鱼类对碳水化合物的需求可以更好地制订饲料配方，提高养殖效益，保障水产品质量和安全。

四、维生素

鱼类对维生素的需求因品种而异。例如，鲤鱼、鲫鱼等淡水鱼类对维生素 B_1 的需求较高，而海水鱼类则对维生素 A 和维生素 D 的需求较高。另外，不同生长阶段的鱼类对维生素的需求也不同。例如，幼鱼需要更多的维生素 C 来促进其免疫力和生长发育。维生素是一种有机化合物，它们在鱼体内起着调节代谢、维持生命活动、促进生长发育等重要作用。根据其溶解性，维生素可以分为脂溶性维生素和水溶性维生素两类。脂溶性维生素包括维生素 A、维生素 D、维生素 E 和维生素 K。这些维生素可以在鱼体内脂肪中积累，并在需要时释放出来。其中，维生素 A 对于鱼类的视觉系统和生殖系统的正常发育至关重要。维生素 D 则能促进钙和磷等矿物质的吸收和利用，有利于鱼类的骨骼和牙齿发育。维生素 E 是一种强效的抗氧化剂，可以保护鱼体免受自由基的损害。而维生素 K 则能促进凝血过程，有利于伤口愈合。水溶性维生素包括维生素 B_1、维生素 B_2、维生素 B_3、维生素 B_5、维生素 B_6、维生素 B_7、维生素 B_9 和维生素 B_{12} 等。这些维生素不能在鱼体内积累，需要通过食物不断补充。其中，维生素 B_1 能促进碳水化合物的代谢，有利于鱼体能量的产生。维生素 B_2 则能促进蛋白质和脂肪的代谢，有利于鱼体的生长发育。而维生素 B_{12} 则能促进红细胞的生成，有利于鱼体的氧输送。

五、矿物质

矿物质是指人体或动物体内所需要的无机元素，包括铁、锌、钙、镁、硒等。这些元素对于鱼类的生长、免疫力、繁殖等方面都具有重要的作用。钙在鱼类体内不仅构成鱼骨骼的重要组成部分，同时还参与了神经传导、肌肉收缩等多种生理过程。如果鱼体内缺乏钙元素，将会导致鱼骨骼发育不良、神经系统异常、肌肉无力等症状。镁是维持鱼类正常代谢的重要元素之一。镁在鱼类体内参与了许多生理过程，如蛋白质合成、核酸代谢、酶活性等。如果鱼体内缺乏镁元素，将会影响到这些生理过程的正常进行，导致鱼体发育不良、免疫力下降等问题。锌是维持鱼类生长发育所必需的元素之一。锌在鱼类体内参与了许多代谢过程，如碳水化合物代谢、蛋白质合成等。如果鱼体内缺乏锌元素，将会导致鱼体生长缓慢、免疫力下降、脱鳞等问题。硒是维持鱼类免疫力的重要元素之一。硒在鱼类体内参与了许多生理过程，如抗氧化作用、免疫功能等。如果鱼体内缺乏硒元素，将会导致鱼体免疫力下降、易感染疾病等问题。只有保证鱼类充足地摄取到各种矿物质，才能够保证它们健康地生长发育，并且免受各种疾病的侵袭。

第二节　经济鱼类的常见饲料原料

一、常见的鱼类饲料原料（表4-1）

表4-1　饲料描述及常规成分

饲料名称	干物质 DM/%	粗蛋白质 CP/%	粗脂肪 EE/%	粗纤维 CF/%	无氮浸出物 NFE/%	粗灰分 Ash/%	中性洗涤纤维 NDF/%	酸性洗涤纤维 ADF/%	淀粉 starch/%
次粉	88.0	15.4	2.2	1.5	67.1	1.5	18.7	4.3	37.8
大豆粕	89.0	44.2	1.9	5.9	28.3	6.1	13.6	9.6	3.5

续表

饲料名称	干物质 DM/%	粗蛋白质 CP/%	粗脂肪 EE/%	粗纤维 CF/%	无氮浸出物 NFE/%	粗灰分 Ash/%	中性洗涤纤维 NDF/%	酸性洗涤纤维 ADF/%	淀粉 starch/%
棉籽饼	88.0	36.3	7.4	12.5	26.1	5.7	32.1	22.9	3.0
鱼粉	92.4	67.0	8.4	0.2	0.4	16.4	—	—	—
血粉	88.0	82.8	0.4	—	1.6	3.2	—	—	—
肉粉	94.0	54.0	12.0	1.4	4.3	22.3	—	—	—
鱼油	99.0	—	98.0	—	0.5	0.5	—	—	—
菜籽油	99.0	—	98.0	—	0.5	0.5	—	—	—
棕榈油	99.0	—	98.0	—	0.5	0.5	—	—	—
米糠	87.0	12.8	16.5	5.7	44.5	7.5	22.9	13.4	27.4
稻谷	86.0	7.8	1.6	8.2	63.8	4.6	27.4	13.7	63.0

（一）植物性饲料

对于经济鱼类的饲养，合理的饲料是至关重要的。植物性饲料是经济鱼类饲养中常用的一种饲料类型。下面将阐述经济鱼类常见的植物性饲料原料。

1. 水生植物

水生植物是一种常见的植物性饲料原料。水生植物的种类较多，如水蓼、茭白叶、草莓叶、菱角叶等。水生植物营养丰富，含有丰富的蛋白质和维生素，能够提高经济鱼类的生长速度和免疫力，同时能够改善水质，减少底泥积累。

2. 豆类及其加工品

豆类及其加工品也是一种常见的植物性饲料原料。豆类及其加工品包括豆粕、豆饼、豆腐渣等。这些原料含有丰富的蛋白质和氨基酸，能够提高经济鱼类的生长速度和免疫力，同时能够降低饲料成本。

3. 油料作物及其加工品

油料作物及其加工品也是一种常见的植物性饲料原料。油料作物包括花生、棉籽、菜籽等，而油料作物加工品包括花生粕、棉籽粕、菜籽粕等。这些原料含有丰富的蛋白质和脂肪，能够提高经济鱼类的生长速度和免疫力，也能够提高其肌肉脂肪含量，提高经济价值。

4. 其他植物性原料

除了以上三种常见的植物性饲料原料外，还有一些其他的植物性原料可供选择，如青菜、萝卜叶、芦荟等。这些原料含有丰富的维生素和矿物质，能够提高经济鱼类的免疫力和抗病能力。

（二）动物性饲料

1. 鱼粉

鱼粉是由各种鱼类经过脱水、脱脂、破碎、干燥等工艺制成的一种高蛋白、高能量的饲料原料。它含有丰富的优质蛋白质、必需脂肪酸、矿物质和维生素等营养成分，对提高经济鱼类的生长速度和肉质品质有着重要作用。

2. 虾皮

虾皮是指由虾类的头、壳、足等部位经过干燥制成的一种高蛋白、高钙、高磷的饲料原料。它含有丰富的虾青素、甲壳素等营养成分，能够增强经济鱼类的免疫力和色泽，同时能够促进经济鱼类的消化吸收。

3. 鱼肝油

鱼肝油是由深海鱼类的肝脏中提取出来的一种富含维生素 A、维生素 D、维生素 E 和不饱和脂肪酸等营养成分的饲料原料。它能够促进经济鱼类的生长发育，增强其抗病能力和免疫力，同时还能够提高经济鱼类的肉质品质。

4. 蚯蚓

蚯蚓是一种常见的动物性饲料原料，它含有丰富的蛋白质、钙、磷等营养成分，能够提高经济鱼类的生长速度和肉质品质。此外，蚯蚓还含有多种氨基酸和生长因子，对经济鱼类的生长发育有着重要作用。

5. 昆虫

昆虫是另一种常见的动物性饲料原料，如蝇蛆、蚕蛹等。它们含有丰富的蛋白质、氨基酸和维生素等营养成分，能够提高经济鱼类的生长速度和肉质品质。此外，昆虫还具有良好的消化吸收性和口感，能够增加经济鱼类的食欲。

（三）合成饲料

经济鱼类的人工合成饲料原料是指通过合成、加工和混合等工艺制成的饲料，用于养殖经济鱼类。这些饲料具有营养均衡、易于消化吸收、成本低廉等特点，是现代养殖业中不可或缺的重要组成部分。下面将介绍一些常见的经济鱼类人工合成饲料原料。

1. 蛋白质类原料

蛋白质是鱼类生长和发育所必需的重要营养物质，因此蛋白质类原料是经济鱼类人工合成饲料中不可或缺的成分之一。常见的蛋白质类原料有大豆粉、豆粕、鱼粉、虾粉、蚕蛹粉等。其中，鱼粉和虾粉是较为优质的蛋白质来源，含有丰富的氨基酸和微量元素，能够提高鱼类的生长速度和免疫力。水产蛋白粉是指从各种水产动物中提取出来的蛋白质，它含有丰富的氨基酸和必需脂肪酸，可以提供鱼类生长所需的营养物质。

2. 碳水化合物类原料

碳水化合物是经济鱼类体内能量的重要来源，能够提供热量和能量，促进鱼类生长和发育。常见的碳水化合物类原料有玉米粉、小麦粉、米糠、糯米粉等。这些原料含有丰富的淀粉和纤维素，易于消化吸收，能够提高鱼类的食欲和生长速度。

3. 脂肪类原料

脂肪是经济鱼类体内能量的重要来源之一，能够提供高能量，促进鱼类生长和发育。常见的脂肪类原料有动物油、植物油、鱼油等。这些原料含有丰富的不饱和脂肪酸和维生素，能够提高鱼类的免疫力和抗病能力。

脂肪不仅在鱼类生长、代谢及免疫中起着至关重要的作用，而且可以提高脂溶性维生素和脂溶性类胡萝卜素等添加剂的吸收和利用。但鱼种不同、生长阶段不同，鱼类对脂肪的代谢能力也不同，另外，饲料营养或养殖环境等其他因素均会对鱼类的免疫能力产生影响。

4. 矿物质类原料

矿物质是经济鱼类体内必需的微量元素，能够促进鱼类生长和发育。常见的矿物质类原料有海藻粉、贝壳粉、磷酸盐等。这些原料含有丰富的钙、磷、铁、锌等微量元素，能够提高鱼类的健康水平和免疫力。长期以来，鱼类饲料中含有大量的鱼粉或其他动物副产品，因此，在鱼饲料中补充矿物质被认为是不必要的。根据经验，鱼类饲料中动物副产品的含量超过10%时，再额外补充矿物质是不必要的。但对某些鱼类而言，这样的饲料还是要补充某些矿物质，如动物副产品含量低于5%时，斑点叉尾鮰的饲料中就需要添加矿物质。关于饲料原料中矿物质的生物利用率研究资料不多，但研究已确认，鱼类饲料中缺乏某种微量元素时，鱼体会表现出某些缺乏症。

经济鱼类的人工合成饲料原料种类繁多，应根据不同种类经济鱼类的营养需求和生长特点进行选择和配比，以达到最佳的营养平衡和生长效果。同时，在使用人工合成饲料时应注意控制喂养量和频率，避免过度喂养造成污染和浪费。

二、饲料原料的优缺点

（一）植物性饲料

优点：价格相对便宜，易于获得，而且含有丰富的营养成分，如蛋白质、碳水化合物、脂肪、维生素和矿物质等。此外，植物性饲料还具有良好的稳定性，易于储存和运输。

缺点：首先，植物性饲料中的蛋白质含量较低，且缺乏某些必需氨基酸，如赖氨酸和蛋氨酸等。其次，植物性饲料中的纤维素含量较高，不易被鱼类消化吸收，容易导致消化不良和营养不良。最后，植物性饲料中可能含有抗营养因子，如植酸和多糖等，会影响鱼类的生长和健康。

（二）动物性饲料

优点：含有丰富的蛋白质和必需氨基酸，易于被鱼类消化吸收，有助于促进生长和提高养殖效益。此外，动物性饲料还具有良好的口感和食欲诱导作用，可以增加鱼类的食欲和摄食量。

缺点：首先，动物性饲料价格较高，不易获得。其次，动物性饲料中可能含有致病菌和重金属等有害物质，会对鱼类的健康产生影响。最后，动物性饲料中的脂肪含量较高，容易导致肠道疾病和脂肪肝等问题。

（三）合成饲料

优点：可以根据不同阶段的需求精准配比营养成分，满足鱼类的生长发育需要。此外，合成饲料还具有良好的稳定性和保质期长的特点。

缺点：首先，合成饲料中可能含有一些化学添加剂和抗生素等有害物质，会对健康产生影响。其次，合成饲料价格较高，不适合小规模养殖。最后，过度依赖合成饲料会导致环境污染和资源浪费等问题。

不同类型的鱼类饲料都有其优缺点。在选择适合自己养殖需求的饲料时，需要综合考虑价格、营养成分、稳定性等因素，并且注意避免过度依赖某种类型的饲料。同时，在使用任何类型的饲料时都需要注意控制投喂量和频率，保证养殖环境的卫生和健康。

三、饲料原料的配比

鱼类饲料的原料选择和配比是养殖业中至关重要的一环。正确的原料选择和配比可以保证鱼类的健康生长和高产，同时也可以降低养殖成本和环境污染。本文将从原料选择和配比两个方面进行分析。

（一）蛋白质与能量比例

蛋白质与能量是鱼类生长所需的两大要素。在配比中，应根据不同鱼种和生长阶段的需求，合理控制蛋白质与能量的比例。一般来说，幼鱼期蛋白质与能量比例应高于成鱼期，同时不同种类的鱼类对蛋白质与能量比例的需求也不同。

（二）营养平衡

在配比中，应注意各种营养素之间的平衡。过多或过少某种营养素都会影响鱼类的生长和健康。因此，在配比中应根据不同鱼种和生长阶段的需求，合理控制各种营养素的含量。

（三）可消化性

可消化性是衡量饲料品质的重要指标之一。在配比中，应选择易消化、易吸收的原料，并根据不同鱼种和生长阶段的需求，合理控制原料的粒度和加工方式。

总之，正确的原料选择和配比可以保证鱼类健康生长和高产，同时也可以降低养殖成本和环境污染。在实际应用中，应根据不同鱼种和生长阶段的需求，结合现有资源和市场价格等因素进行合理配比。

第三节　经济鱼类的高效投喂模式

经济鱼类在现代社会中扮演着重要的角色。它们是人类的重要食物来源，也是经济发展的重要组成部分。然而，随着人口的增长和消费水平的提高，人们对经济鱼类的需求也越来越大。为了满足这种需求，高效投喂模式已成为养殖业中不可或缺的一部分。高效投喂模式是一种先进的养殖方式，它可以大幅度提高鱼类的生长速度和产量。它通过科学合理地控制饲料投喂量和投喂时间，使鱼类能够更快地长大和成熟。这种模式不仅可以提高生产效率，还可以降低养殖成本，提高经济效益。

一、补偿生长理念

补偿生长理念是现代生物学领域中的一个重要概念，它是指生物在某些条件下，通过调整自身的生长速度和生长方式，以达到适应环境的目的。补偿生长理念的提出，对于我们理解生物生长发育的本质、揭示生物适应环境的机制以及应对环境变化等方面都具有重要的意义。

补偿生长理念最早是由美国生态学家 R. H. Whittaker 在 20 世纪 50 年代提出的。他认为，生物在不同的环境条件下，会表现出不同的生长方式和速度。当环境条件较差时，生物会通过加快生长速度来追赶其他同类；而当环境条件较好时，生物则会通过调整生长方式来更好地适应环境。这种通过调整生长速度和方式来适应环境的现象，就是补偿生长。它的意义在于，它使生物能够更好地适应环境变化。在自然界中，环境条件的变化是不可避免的，如气候变化、食物供应的不稳定性等。如果一个物种不能够适应环境变化，那么它就很可能会灭绝。而补偿生长则能够使生物在环境变化时更好地适应新的环境。补偿生长还可以帮助我们理解生物生长发育的本质。在过去，人们普遍认为生物的生长发育是一个简单的线性过程，即从出生到成熟，生物会按照一定的速度和方式不断地生长。然而，随着研究的深入，我们发现生物的生长发育是一个复杂的非线性过程，受到多种因素的影响。补偿生长理念提供了一种新的视角，帮助我们更好地理解生物在不同环境下的生长发育模式。此外，补偿生长还可以为我们应对环境变化提供启示。随着全球气候变暖和资源短缺等问题的日益严重，人类面临着越来越多的挑战。如果我们能够借鉴补偿生长理念，通过调整自身的行为方式和思维方式来更好地适应环境变化，那么我们就能够更好地应对未来的挑战。

随着人口的增长和对食品需求的增加，经济鱼类养殖已成为满足人类食品需求的重要途径。然而，由于各种因素的影响，如水质、饲料、疾病等，经济鱼类养殖的生长速度和产量往往难以达到预期。为了解决这一问题，补偿生长理念被引入经济鱼类养殖中。

补偿生长理念是指在不利环境下，鱼类通过加快生长速度来适应环境的变化。在经济鱼类养殖中，补偿生长理念可以通过以下方式得到应用：

（一）饲料控制

通过控制饲料的种类和用量，可以促进经济鱼类的生长。在不利环境下，可以适当增加饲料的营养成分和用量，以促进鱼类的生长速度。

（二）水质管理

水质是影响经济鱼类生长的重要因素。在不利水质条件下，可以通过增加水流量、增加氧气供应等方式改善水质，促进鱼类的生长。

（三）疾病防控

疾病是经济鱼类养殖中常见的问题。在发生疾病时，可以通过适当增加饲料、提高水温等方式促进鱼类的恢复和生长。

（四）养殖环境改善

合理的养殖环境可以促进经济鱼类的生长。在不利环境下，可以通过增加养殖密度、改善养殖设施等方式改善养殖环境，促进鱼类的生长。

总之，补偿生长理念在经济鱼类养殖中有着广泛的应用前景。合理应用补偿生长理念，可以有效提高经济鱼类的生长速度和产量，满足人类对食品的需求。同时，在应用补偿生长理念时，也需要注意合理使用，避免对环境造成过度压力和损害。

二、精准营养供给技术

(一) 概念

精准营养供给技术是一种基于动物个体营养需求和生理状态的精准饲养方法。通过对动物个体营养代谢、生长发育、生理状况等方面的监测，结合先进的饲养管理技术，实现对动物个体营养需求的精准预测和营养供给的精准调控，从而实现动物健康、生产性能和产品品质的最优化。精准营养供给技术能够提高动物饲料利用率和生产性能，减少养殖过程中的环境污染和资源浪费，降低饲料成本和生产成本，同时提高产品品质和市场竞争力。此外，精准营养供给技术还能够为动物健康管理提供科学依据，降低疾病发生率和用药量，保障人畜共享健康环境。

(二) 应用

提高鱼类生长速度和养殖效益：精准营养供给技术能够根据鱼类的生长发育状况和营养代谢需要，调整饲料成分和配比，从而提高鱼类生长速度和养殖效益。

降低饲料成本和养殖成本：精准营养供给技术通过精准预测鱼类的营养需求和精准调控营养供给，可以避免过量喂养和浪费饲料，从而降低饲料成本和养殖成本。

提高鱼类品质和市场竞争力：精准营养供给技术能够保证鱼类获得足够的营养，从而提高鱼类的健康状况和产品品质，增强市场竞争力。

减少环境污染和资源浪费：精准营养供给技术可以减少过量喂养和排泄物的排放，从而降低环境污染和资源浪费。

三、高效投喂模式

（一）投喂策略

1. 阶段性投喂

根据鱼类生长发育的不同阶段和营养代谢需要，采用不同的饲料成分和配比进行阶段性投喂，从而实现营养供给的精准调控。

2. 定量投喂

根据鱼类个体的生长发育状况和营养需求，设定合理的饲料投喂量，避免过量喂养和浪费饲料。

3. 补偿性投喂

根据鱼类个体的生长发育状况和营养需求，采用补偿性投喂策略，即在前期营养供给不足的情况下，适当增加后期的饲料投喂量，从而实现补偿性生长，提高鱼类生长速度和养殖效益。

这些高效投喂模式可以通过精准营养供给技术实现，从而提高经济鱼类养殖的生产效益和经济效益。

（二）步骤和实施方法

1. 阶段性投喂

（1）确定鱼类生长发育的不同阶段和营养代谢需要，制订相应的饲料成分和配比。

（2）根据饲料成分和配比，制订相应的阶段性投喂计划，明确每个阶段的投喂量和投喂频率。

（3）根据实际情况，不断调整和优化阶段性投喂计划，以实现营养供给的精准调控。

2. 定量投喂

（1）根据鱼类个体的生长发育状况和营养需求，设定合理的饲料投喂量。

（2）采用自动化投喂设备或手动计量工具，精确控制饲料的投喂量。

（3）根据实际情况，不断调整和优化饲料投喂量，以实现营养供给的精准调控。

3. 补偿性投喂

（1）根据鱼类个体的生长发育状况和营养需求，监测鱼类体重、体长、体型等指标。

（2）根据监测结果，判断营养供给是否足够，如果不足，适当增加后期的饲料投喂量和频率。

（3）根据实际情况，不断调整和优化补偿性投喂策略，以实现营养供给的精准调控。

四、应用效果分析

高效投喂模式的应用效果主要包括以下几个方面：

（一）提高鱼类生长速度和养殖效益

通过精准营养供给和补偿性投喂等策略，可以最大限度地满足鱼类的营养需求，提高鱼类生长速度和养殖效益。

（二）降低饲料成本和养殖成本

通过定量投喂和阶段性投喂等策略，可以避免过量喂养和浪费饲料，从而降低饲料成本和养殖成本。

（三）提高鱼类品质和市场竞争力

通过精准营养供给和补偿性投喂等策略，可以保证鱼类获得足够的营养，提高产品品质和市场竞争力。

（四）减少环境污染和资源浪费

通过精准营养供给和定量投喂等策略，可以避免过量喂养和浪费饲料，减少环境污染和资源浪费。

五、高效投喂模式与传统投喂模式的差异

高效投喂模式与传统投喂模式的差异主要体现在以下几个方面：

（一）营养供给方式不同

高效投喂模式采用精准营养供给和补偿性投喂等策略，根据鱼类个体的生长发育状况和营养需求，精确调控饲料成分和配比，最大限度地满足鱼类的营养需求。而传统投喂模式则采用一般性的饲料配方，无法满足不同鱼类个体的营养需求差异。

（二）投喂方式不同

高效投喂模式采用定量投喂和阶段性投喂等策略，可以避免过量喂养和浪费饲料，实现饲料的最大化利用。而传统投喂模式则采用手动计量或人工投喂等方式，容易出现过量喂养和浪费饲料的情况。

（三）投喂效果不同

高效投喂模式能够最大限度地提高鱼类生长速度和养殖效益，降低饲料成本和养殖成本，提高产品品质和市场竞争力。而传统投喂模式则无法实现精准营养供给和补偿性投喂等策略，投喂效果较低。

参考文献

［1］侯永清．鱼类营养与饲料配方技术［M］.北京：化学工业出版社，2009.

［2］任泽林，周文豪．我国水产动物营养与饲料的发展概况及展望［J］.饲料广角，2001（8）：15-18.

［3］叶元土，蔡春芳．鱼类营养与饲料配制［M］.北京：化学工业出版社，2013.

［4］中国饲料数据库．中国饲料成分及营养价值表（2018年第29版）（续）［J］.中国饲料，2018（22）：81-86.

［5］张家国．淡水鱼类营养需求与饲料配制技术［M］.北京：化学工业出版社，2016.

［6］卢正义．不同脂肪水平的叶黄素饲料对黄金锦鲤生长、体色及其稳定性的影响［D］.天津：天津农学院，2021.

［7］王玉堂．饲料营养与鱼类疾病［J］.当代水产，2020，45（8）：86-91.

［8］叶章颖，赵建，朱松明，等．基于鱼群行为的循环水养殖游泳型鱼类高效投喂方法研究［C］//中国水产学会，四川省水产学会.2016年中国水产学会学术年会论文摘要集．［出版者不祥].2016：418.

［9］杜聪致．山区小池塘草鱼高产高效养殖技术［J］.渔业致富指南，2011（20）：32-33.

第五章　经济鱼类的病害防治技术

第一节　鱼类病害的预防

一、鱼类病害的种类

经济鱼类是指人们经常食用或用于养殖的鱼类，它们的健康状况直接影响到渔业生产和人们的饮食安全。然而，由于环境污染、水质恶化、养殖管理不当等原因，经济鱼类常常会受到各种病害的侵袭。本文将介绍一些常见的经济鱼类病害种类。

（一）鱼霉病

鱼霉病是由真菌引起的一种疾病，常见于鲤鱼、鲫鱼、草鱼等淡水鱼类。患病鱼体表会出现白色或黄色的霉斑，严重时会导致皮肤坏死、溃烂。此外，患病鱼体内也可能出现霉菌感染，导致肝、脾、肾等器官受损。预防鱼霉病的方法包括加强水质管理、保持水温适宜、控制养殖密度等。

（二）烂鳃病

鱼烂鳃之后会引起鱼体色发黑，软骨外漏，行动缓慢，鳃丝呈粉红或苍白色，继而组织破坏，黏液增多并伴有挂脏等现象，严重时鳃盖骨内表皮充血，中间部分表皮被腐蚀成圆形或不规则透明小窗，到最后窒息而死，死亡率高。有些鲤鱼在腮部会有淤泥以及黏液，病情严重的鲤鱼，其内表皮也会出现腐蚀的情况。患有烂鳃病的鲤鱼一般会脱离鱼群，单独在外游行，且游速相对较为缓慢，鱼身呈现出发黑的症状，尤其是头部位置。这种病症在4~10月是频发期，6~8月发生得最为严重。预防鲤鱼烂鳃病的方法包括加强水质管理、控制养殖密度、定期消毒等。

（三）草鱼出血病

草鱼出血病，又称为"病毒性出血病"，该病毒是一种直径70nm的球状病毒，有双层衣壳，无囊膜，含有11个双链RNA片段。同时，该病毒有较强的酸碱耐受能力，即使在高温环境下也可以长时间生存。此外，该病毒能够在敏感的细胞中产生合胞体状细胞病变效应。

寄生虫、水体等载体是草鱼出血病主要的传播工具，其主要危害对象是长2.5~15cm的草鱼或者150~350g/尾的一龄草鱼种。草鱼一旦感染出血病，最先表现出来的特征就是存活率下降，同时该病还会感染其他鱼种，例如罗汉鱼、青鱼、麦穗鱼和稀有鲫等。草鱼出血病有明显的季节性，在6~9月高温季节发病，此时水温通常在25~28℃。

（四）水生动物红细胞寄生虫病

水生动物红细胞寄生虫病是一种由原生动物引起的寄生性疾病，主要影响锦鲤、草鱼等淡水鱼类。患病鱼体表不会出现明显异常，但是会出现红细胞数量减少，从而影响其生长和免疫力。预防水生动物红细胞寄生虫病的方法包括加强水质管理、控制养殖密度、定期检查等。

以白点病为例进行介绍，秋末春初水温较低的季节，鲤科和慈鲷科的热带鱼容易感染白点病，这是一种常见的鱼类寄生虫病。白点病也称为小瓜虫病，由一种名为小瓜虫的球形寄生虫引起，直径约为0.8mm，全身披有纤毛，肉眼可见为小白点。在水温18~23℃时，小瓜虫通常寄生在鱼的皮下、尾鳍和鳃部，吸食鱼体组织的营养，并刺激鱼体分泌大量黏液，因此在鱼体表形成一个个白色脓泡。当热带鱼感染此病时，最初在鱼鳍上出现白点，鱼儿显得精神呆滞、漂浮于水面，很少活动，或者常在水草、砂石旁侧身迅速游动蹭痒。严重时，鱼体周身密布白点、停止摄食、肌体消瘦、呼吸困难直至死亡，病程一般为5~10d。

常见经济鱼类病害的原因和预防措施见表5-1。

表5-1　常见经济鱼类病害的种类

病害	发病原因	预防措施
鱼霉病	鱼霉病的病原菌常常存在于水体、饲料、其他病鱼体表或鳃等处，接触这些感染源会引起鱼霉病的发生。鱼霉病发病时间有很明显的季节性，多发生在春冬季。一般它们寄生在腐烂的植物、小虫子的尸体、鱼的体表	①加强池塘管理，尽快将池塘死鱼深埋处理。及时开动增氧机增氧，保持池塘溶氧充足。②使用亚甲基蓝按照5mg/L，全池泼洒，隔天一次，连用3次。③用五倍子末拌饵投喂，每1kg饲料用5g，每天2次，连用5d。④采用EM菌全池泼洒
烂鳃病	细菌性烂鳃病是由柱状黄杆菌引起的，当鱼鳃受到机械损伤之后更加容易感染。细菌性烂鳃病在4~11月都会发生，其中6~9月是发病的高峰期，养殖密度越大、水质越差，则越容易暴发流行	①全面地清洗池塘。②固定时间给池塘更换新水，同时保证水体呈弱碱性，可以通过增氧机或者生石灰来实现。③保证水体的健康，使其具备充足的氧气，并维持水温的稳定，给鲤鱼提供优质的生存环境。④将病鱼放入浓度为3%的食盐水里或者配置的化学试液中浸泡10min左右。⑤水中投放大蒜

续表

病害	发病原因	预防措施
草鱼出血病	水温在 20~33℃ 时发生流行，最适流行水温为 25~30℃。当水质恶化，水中溶氧低，透明度低，水中总氮、有机氮、亚硝酸态氮和有机耗氧率高，水温变化大，鱼体抵抗力低下，病毒量多时易发病	①清塘消毒。清除池底过多淤泥并用生石灰水或漂白粉水泼洒消毒。②下塘前药浴。鱼种在放养时用 10mg/kg 的聚维酮碘溶液浸泡 6~8min，用聚乙烯氮戊环酮碘剂（PVP-1）60mg/L 药浴 25min 左右。③人工免疫预防。人工接种出血病防治灭活疫苗，或免疫组织浆疫苗
红细胞寄生虫病	由寄生虫寄生在鱼类的红细胞上引起的疾病。这些寄生虫会进入鱼体内并寄生在鱼的红细胞上，导致红细胞破裂和溶解，进而引起贫血和其他健康问题。鱼红细胞寄生虫通常在水温较高、水质较差或饲养密度较高的环境下更容易发生	①用生石灰对鱼塘进行消毒处理，通过清洁环境来压迫寄生虫生长的空间。②面对患病严重的鱼群，可以使用渔丰碘、菌毒克等药物对其进行处理。③面对症状较轻的鱼群，可以使用晶体敌百虫、孢杀等手段进行处理

二、鱼类病害的预防措施

经济鱼类病害是指对养殖经济鱼类产生危害的疾病，它会导致鱼类死亡、生长缓慢、免疫力下降等问题，给养殖业带来极大的经济损失。为了预防经济鱼类病害的发生，我们需要采取一系列的预防措施。

首先，建立健全的养殖管理制度是预防经济鱼类病害的基础。在养殖过程中，需要严格控制水质、饲料、温度等因素，防控淡水鱼细菌性缺血病应该做到定期清理池塘，必须每年对池塘进行有效的清理，清理出池塘底部的各种淤泥。成年鱼的池塘应该每年至少清塘一次，在干塘时选择使用生石灰、二氧化氯等消毒剂，进行全面的泼洒消毒处理，保持水体清洁、通畅，避免污染和交叉感染。同时，要加强对鱼类的观察，及时发现异常情况并采取相应措施，如隔离、治疗等。其次，选择适宜的鱼种和养殖环境也是预防经济鱼类病害的重要措施。不同鱼种对环境和水质的要求不同，选择适宜的鱼种和养殖环境可以降低疾病发生的风险。进入盛夏季节之后，应该做好水体温度调控工作，避免水温升高过快，当进入高温高湿天气之后，应该缩短水体更换的时间。同时，要避免过密养殖和过度投喂等不良习惯，以减少病害的传播和发生。再次，加强饲料管理也是预防经济鱼类病害的关键措施。合理搭配饲料、控制投喂量和频率，可以提高鱼类的免疫力和抵抗力，降低病害的发生率。同时，要确保饲料质量安全，避免使用过期或劣质饲料。最后，定期进行消毒和清洗也是预防经济鱼类病害的重要手段。定期对养殖设备、器具、水源等进行消毒和清洗，可以有效杀灭病原体和细菌，减少病害的传播和发生。

三、疫苗接种

随着水产养殖业的不断发展，鱼类病害越来越成为影响水产养殖业可持续发展的重要因素。为了有效地预防和控制鱼类病害，疫苗接种已经成为一种非常有效的手段。本文将介绍疫苗接种在鱼类病害预防中的应用。

（一）疫苗接种的原理

疫苗接种是通过给动物注射一定剂量的疫苗，使其产生免疫力，从而达到预防疾病的目的。疫苗接种的原理是基于动物自身的免疫系统，给动物注射一定剂量的疫苗，使其产生抗体，从而在遇到相应的病原体时,能够迅速产生免疫反应,防止病原体侵入和繁殖,从而达到预防疾病的目的。

(二) 疫苗接种在鱼类病害预防中的应用

1. 预防常见鱼类病害

鱼类病害是水产养殖中常见的问题,常见的鱼类病害包括细菌性疾病、病毒性疾病、寄生虫性疾病等。针对不同的鱼类病害,科学家们已经开发了相应的疫苗。通过对鱼类进行相应的疫苗接种,能够有效地预防和控制这些常见的鱼类病害。

2. 提高鱼类免疫力

通过疫苗接种,能够有效地提高鱼类的免疫力。在养殖过程中,由于环境等因素的影响,鱼类的免疫力会逐渐下降,容易受到各种病原体的侵袭。通过对鱼类进行相应的疫苗接种,能够有效地提高其免疫力,增强其抵抗力,从而减少鱼类患病率。

3. 降低药品使用量

在传统的鱼类病害防治中,通常需要使用大量的药品来控制和治疗各种鱼类病害。这些药品不仅会对环境造成污染,还会对鱼类本身造成一定的伤害。通过对鱼类进行相应的疫苗接种,能够有效地预防和控制鱼类病害,从而降低药品使用量,减少对环境和鱼类本身的伤害。

四、疾病监测和早期诊断

随着经济鱼类养殖业的快速发展,病害防控成为该行业必须面对的重要问题之一。为了确保养殖业的可持续发展,疾病监测和早期诊断技术在经济鱼类病害预防中发挥着重要作用。首先,疾病监测可以帮助养殖场管理者及时发现病害,从而采取相应的措施进行防治。通过对水质、鱼体、饲料等方面的监测，可以及早发现异常情况，如水质污染、饲料变质等，从而避免病害的发生。同时，定期对养殖池塘进行检测，可以及时发现病原体的存在，从而采取相应的防治措施，避免病害扩散。其次，早期诊断技术可以帮助养殖场管理者快速准确地确定病害类型和病原体，从而采取相应的防治措施。目前，常用的早期诊断技术主要包括 PCR 技术、ELISA 技术等。这些技术可以在较短时间内对样本进行检测，并能够准确地检测出病原体的存在，从而帮助管理者快速采取相应的防治措施，避免病害的扩散。最后，疾病监测和早期诊断技术还可以帮助管理者制订科学合理的防治方案。通过对病害的监测和诊断，可以了解病害的流行趋势以及不同病害之间的关系，从而制订出针对性的防治方案。同时，还可以根据不同病害的特点和传播途径，选择合适的药物和防治方法进行防治，提高防治效果。

综上所述，疾病监测和早期诊断技术在经济鱼类病害预防中具有重要作用。通过这些技术的应用，可以及时发现和诊断病害，制订科学合理的防治方案，提高养殖效益，保障养殖业的可持续发展。因此，在经济鱼类养殖过程中，应该加强对疾病监测和早期诊断技术的应用和推广。

第二节　鱼类病害的诊断

一、诊断方法

（一）临床诊断法

临床诊断法是指通过观察患病鱼类的临床表现，结合病史和环境因素等综合分析，进行初步诊断的方法。这种方法常用于急性病害的诊断。临床表现包括鱼类的行为、呼吸、食欲、皮肤和鳃的颜色、形态等方面。例如，白点病的患鱼会出现白色小点，鱼体表现为不停地摇头、摆尾、擦身等，呼吸急促；细菌性疾病的患鱼会出现红肿、溃烂等症状，呼吸急促而浅等。在进行临床诊断时，需要结合实验室检测结果进行确认。

（二）组织学检查法

组织学检查法是指通过对患鱼组织进行显微镜检查，观察组织细胞的形态和变化，从而确定病原体类型和病变程度的方法。这种方法常用于慢性病害的诊断。组织学检查需要取得患鱼的组织标本，如皮肤、鳃、肝脏、肌肉等，切片染色后进行显微镜观察。例如，对于细菌性感染，可以观察到细菌在组织中的分布情况和对组织细胞的影响程度。

（三）实验室检测法

实验室检测法是指通过对患鱼体内的组织、血液、粪便等样本进行实验室检测，从而确定病原体类型和病变程度的方法。这种方法常用于病原体不明确或需要进一步确认的情况。实验室检测包括常规生化检测、免疫学检测、分子生物学检测等。例如，对于病毒性感染，可以通过 PCR 技术检测到病毒核酸；对于寄生虫感染，可以通过显微镜观察到寄生虫卵或成虫。

药物敏感性试验法是指通过对患鱼进行药物敏感性试验，确定治疗方案和药物剂量的方法。这种方法常用于治疗鱼类病害。药物敏感性试验需要取得患鱼的样本，在实验室中进行药物敏感性试验。例如，对于细菌性感染，可以通过药敏试验确定敏感药物和最佳剂量。鱼类病害是影响养殖业的一个重要问题，其病原体主要包括细菌、病毒、真菌等多种微生物。为了更好地控制和预防鱼类病害，分子生物学检查法和免疫学检查法成为现代科技手段中的重要工具。

（四）分子生物学检查法

分子生物学检查法是指通过对鱼体组织或体液中的 DNA 或 RNA进行分析，来确定病原体种类和数量的方法。其中，PCR 技术是目前应用最广泛的一种，它可以通过扩增目标 DNA 片段来检测病原体的存在。PCR 技术具有快速、敏感、特异性高等优点，可以在几个小时内完成检测，因此被广泛应用于鱼类病害的分子生物学检查中。

除 PCR 技术外，还有一些新兴的分子生物学技术也被应用于鱼类病害的检测中。例如，基于 CRISPR-Cas9 技术的快速检测方法可以在不到一个小时内完成对多种鱼类病原体的检测。此外，新一代测序技术也被广泛应用于鱼类病害的研究中，它可以快速准确地确定病原体的种类和数量，并揭示其基因组结构和演化历史。

（五）免疫学检查法

免疫学检查法是指通过检测鱼体内特定抗原或抗体来确定病原体种类和数量的方法。其中，ELISA 技术是目前应用最广泛的一种，它可以通过检测鱼体液中的特定抗体来确定病原体的存在。ELISA技术具有灵敏度高、特异性强等优点，可以在几个小时内完成检测，因此被广泛应用于鱼类病害的免疫学检查中。

二、诊断工具和设备

鱼类病害是影响养殖业的主要因素之一，因此及时准确地诊断和治疗病害对于保障养殖业的稳定发展至关重要。为此，人们研发出一系列鱼类病害诊断工具和设备，以帮助养殖业从业者更好地进行病害诊断和治疗。

（一）光学显微镜

在鱼类病害诊断中，光学显微镜可以用于观察鱼体或组织样本中的细胞、细菌、真菌、寄生虫等微生物，以及鱼体内部的器官和组织结构。

（二）PCR 仪

PCR 仪是一种利用聚合酶链反应技术进行 DNA 扩增的设备，它可以快速、准确地检测出鱼体或水体中存在的病原体 DNA，如细菌、病毒等。PCR 仪具有灵敏度高、特异性强、快速、准确等优点，可以在短时间内进行大规模检测，为鱼类病害的早期预警和快速诊断提供了有力的支持。

（三）光谱仪

光谱仪是一种利用光学原理测定物质性质的仪器，它可以通过测量光谱图像来分析鱼体或水体中存在的化学物质成分和浓度。在鱼类病害诊断中，光谱仪可以用于检测水体中的营养物质、有机物、无机物等成分，以及鱼体内部的代谢产物、免疫因子等物质，从而评估鱼体健康状态和病害风险。

（四）电子显微镜

电子显微镜是一种利用电子束代替光线进行成像的显微镜，它可以放大鱼体或组织细胞的形态和结构，并观察更加微小的细胞结构和变化。在鱼类病害诊断中，电子显微镜可以用于观察细菌、病毒、真菌等微生物的形态和结构，以及鱼体内部器官和组织结构的变化和损伤。

（五）生物芯片

生物芯片是一种利用微电子技术制造的高通量生物实验平台，

它可以同时检测多种生物分子和基因表达情况。在鱼类病害诊断中，生物芯片可以用于检测鱼体内部的基因表达情况、代谢通路、免疫因子等信息，从而评估鱼体健康状态和病害风险。

三、常见经济鱼类药物使用情况

（一）常见药物类型

经济鱼类养殖是一项重要的产业，但养殖过程中不可避免地会遭受到各种病害的侵袭。为了保障养殖业的健康发展，必须采取科学有效的病害防治措施。其中，药物防治是一种常见的方法。

1. 抗菌药物

抗菌药物是一种广泛应用于经济鱼类病害防治中的药物类型。它们能够有效地杀灭细菌等微生物，防止疾病的传播和扩散。常用的抗菌药物有恩诺沙星、氟苯尼考等。

2. 环境改良及消毒类药物

环境改良及消毒类药物是一种通过化学反应来杀灭病原体的药物类型。它们具有杀灭范围广、效果快、用量少等优点。但是，它们对环境和人体健康的影响较大，因此使用时必须谨慎。常用的环境改良及消毒类药物有过氧化氢、甲醛等。

3. 植物提取物类药物

植物提取物类药物是一种近年来逐渐兴起的病害防治方法。它们是从植物中提取出来的天然成分，具有无毒无害、环保等优点。常用的植物提取物类药物有黄连素、蒲公英素等。

4. 生物制剂类药物

生物制剂类药物是一种利用生物技术制备而成的药物类型。它们具有高效、安全、环保等特点，能够有效地防治经济鱼类病害。

常用的生物制剂类药物有乳酸菌、酵母菌等。

（二）常见药物

以下是几种常见药物的使用方法及药效作用。

1. 硫酸新霉素

硫酸新霉素是一种广谱抗生素，可用于治疗鱼类的细菌感染病。在养殖过程中，常见的细菌感染病包括鱼癣病、细菌性溃疡病等。硫酸新霉素可以通过口服或注射的方式给予鱼类，一般需要连续使用 3~5d。

2. 复方磺胺嘧啶粉

复方磺胺嘧啶粉由磺胺嘧啶及甲氧苄啶组成，是一种常用的抑菌药，可用于海、淡水鱼类由嗜水气单胞菌、温和气单胞菌、荧光假单胞菌、副溶血弧菌、鳗弧菌等细菌引起的细菌性出血症、赤皮、肠炎、腐皮、脑膜炎等细菌性疾病的治疗。一般拌饵投喂，需连用 3~5d。

3. 过氧化氢

过氧化氢是一种常用的消毒剂，可用于预防和治疗鱼类的细菌感染病和真菌感染病。在养殖过程中，常见的真菌感染病包括白霉病、锈藻病等。过氧化氢可以通过浸泡、喷洒或加入水中的方式使用，一般需要根据池塘大小和水质情况来确定用量。

4. 聚维酮碘

聚维酮碘溶液是一种含碘消毒剂，用于养殖水体和养殖器具的消毒，可用于防治水产养殖动物由弧菌、嗜水气单胞菌、爱德华氏菌等引起的细菌性疾病。使用时将聚维酮碘溶液用水稀释 300~500 倍，全池均匀泼洒。

5. 敌百虫

敌百虫是一种杀虫剂，可用于预防和治疗鱼类的寄生虫感染病。在养殖过程中，常见的寄生虫感染病包括鳃蚤病、寄生虫性肝炎等。敌百虫可以通过口服或浸泡的方式给予鱼类，一般需要根据池塘大小和鱼类数量来确定用量。

参考文献

［1］李继勋．鱼病防治关键技术及实用图谱［M］.北京：中国农业出版社，2010.

［2］孙田革．草鱼出血病的诊断及综合防治［J］.新农业，2022（9）：44-46.

［3］习丙文．淡水鱼小瓜虫病防控方案［J］.科学养鱼，2021（3）：55.

［4］宁先会，暨杰，王涛，等．黄颡鱼小瓜虫病的诊断和防治方法［J］.农家致富，2021（20）：38-39.

［5］欧阳月．一起垂钓鱼池水霉病的诊断与分析［J］.渔业致富指南，2016（3）：60.

［6］于生成．鲤鱼养殖常见病症状及防治技术研究［J］.黑龙江科技信息，2015（25）：253.

［7］李宁求，付小哲，石存斌，等．大宗淡水鱼类病害防控技术现状及前景展望［J］.动物医学进展，2011，32（4）：113-117.

［8］曹桂娟．淡水养殖鱼类常见疾病及治疗方法［J］.养殖与饲料，2021，20（1）：97-99.

［9］黄献虹．淡水养殖鱼类常见疾病及其防治［J］.农家参谋，2022（8）：90-92.

［10］刘群．鱼用疫苗免疫效果评价的研究进展［J］.乡村科技，2016（32）：95-96.

［11］王玉堂．疫苗在水产养殖病害防治中的作用及应用前景（连载二）［J］.

中国水产，2013（4）：50-52.

[12] 王玉堂．疫苗在水生动物疾病预防中的作用及应用前景（连载一）［J］.
中国水产，2013（3）：42-45.

[13] 王雪鹏，丁雷．鱼病快速诊断与防治技术［M］.北京：机械工业出版
社，2014.

[14] 曾伟伟，王庆，石存斌，等．免疫学和分子生物学技术在水产动物疾病诊
断中的应用［J］.动物医学进展，2010，31（6）：111-117.

第六章 常见经济淡水鱼类高效养殖与疾病防治技术

第一节 草鱼的高效养殖与疾病防治技术

一、草鱼的生物学

(一) 形态特征

草鱼 (*Ctenopharyngodon idella*) 是鲤科、雅罗鱼亚科、草鱼属鱼类，是我国著名的四大家鱼之一 (图6-1)。草鱼是中大型淡水鱼类，通常体长为30~60cm，在自然条件下最大个体重量可达50kg，人工饲养最大个体也可达到10~15kg。体长形，吻略钝，腹圆无棱。

图6-1 草鱼 (引自《黄河流域鱼类图志》, 2013)

口端位，弧形，无须。咽部有 2 行呈梳状、适合切割草类的咽喉齿。背鳍无硬刺，鳃耙短小。体呈茶黄色，腹部灰白色，体侧鳞片边缘灰黑色，胸鳍、腹鳍灰黄色，其他鳍浅色。

（二）生活习性

草鱼一般喜栖居于江河、湖泊等水域的中、下层和近岸多水草区域，具河湖洄游习性，性成熟个体在江河流水中产卵，产卵后的亲鱼和幼鱼进入支流及通江湖泊中，通常在被水淹没的浅滩草地和泛水区域以及干支流附属水体（湖泊、小河、港道等水草丛生地带）摄食育肥。冬季则在干流或湖泊的深水处越冬。草鱼性情活泼，游泳迅速，常成群觅食，性贪食，为典型的草食性鱼类。其鱼苗阶段摄食浮游动物，幼鱼期兼食昆虫、蚯蚓、藻类和浮萍等，体长达10cm 以上时，完全摄食水生高等植物，其中尤以禾本科植物为多。草鱼摄食的植物种类随着生活环境里食物基础的状况而有所变化。草鱼和其他几种家鱼的生殖情况相类似，在自然条件下，不能在静水中产卵。产卵地点一般选择在江河干流的河流汇合处、河曲一侧的深槽水域、两岸突然紧缩的江段等适宜的产卵场所。生殖季节和鲢相近，较青鱼和鳙稍早。

二、草鱼的养殖及饲料

（一）草鱼的养殖条件

1. 养殖场地的选择

草鱼在不同的养殖环境下，产量会受到非常大的影响。在选择养殖区域的地理位置时，要尽量远离化工厂等高污染工厂。无论选择池塘还是水库进行草鱼养殖，都应通过定期换水为草鱼提供良好的生长环境，若选择池塘养殖，就应该保证水源充足且电力充沛，所有的水源都应该满足国家规定的渔业水源标准。池塘形状为长方形，池塘深度以及水深要分别控制在 2.5m、1.8m 左右，池梗需要专门进行放水作业，避免渗漏。

2. 鱼苗的选择

草鱼养殖期间需要合理选择鱼种，适合的鱼种不仅具有极强的繁殖能力，还能有效降低病害问题带来的负面影响。选择鱼种时，要注意选择体质强健且无病害、伤痕的鱼种，尽量保证鱼种大小均匀且具有同样的来源，若有条件则可以自行孵化草鱼鱼苗。在对草鱼进行放养处理时，要以草鱼为核心，并辅以适当的鲢、鲫等鱼类，以此来保证生态稳定性。

3. 水质管理

在草鱼养殖期间，为了保证水中具有足够的氧气，可以选择在 6~10 月定期启动增氧机，以此来为水体提供更多养分，水体在凌晨时间的含氧量较低，因此在凌晨同样可以适当进行增氧处理。为了保障池塘水质，应该在管理期间坚决强调多次换水原则，通过小规模排水、进水，保证水质实现循环。一般 3d 便可加注一次新水，每次加水量应达到 10cm。

水体颜色一般会受到浮游生物、悬浮物等多种因素带来的影响，良好的水质往往带有大量不同种类的浮游生物且具有较高的水体透明度，在光照的影响下，水体颜色将会自然发生改变。因此当水体颜色发生变化后，就应该及时对水体成分进行控制，避免因为水质问题而影响到草鱼生理状态。

（二）草鱼的饲料

采用安全环保的配合颗粒饲料和青饲料有机结合的投喂方式。投喂人工配合饲料按照每天早晚各一次，颗粒饲料按照草鱼体重 3%

左右投喂，饲料蛋白质含量在 28%～32%，青饲料按照草鱼体重的 30%～50%投喂，草鱼摄食以八成饱为宜，即有 60%～70%的草鱼离开食台就可停止投喂。根据鱼体重量适时调整投饵率。投饵要坚持四定原则，还要通过观察天气、水体情况及鱼的吃食和活动情况，适当调整投喂量。鱼的摄食能力与水温高低密切相关，如遇闷热、寒流、暴雨等天气可酌情减量。草鱼饲料配方参考表 6-1。

表 6-1　草鱼饲料配方（徐光明，2023）

饲料原料	添加量/g
鱼粉	20.00
豆粕	300.00
菜籽粕	120.00
花生饼	20.00
玉米干酒糟及其可溶物	120.00
米糠	80.00
玉米蛋白粉	120.00
面粉	160.00
大豆油	25.00
磷酸二氢钙	24.38
维生素预混料	1.00
矿物质预混料	5.00
维生素 C 磷酸酯	1.00
氯化胆碱	0.50
氯化钠	2.00
微晶纤维素	1.12
总计	1000

三、草鱼的常见疾病防治技术

草鱼在养殖期间非常容易出现病害问题，由于草鱼群的规模较为庞大，容易在病害发生后出现大规模死亡。不同病害的处理方法各不相同，只有找到适合的处理方式，才能够将病害问题所带来的影响降至最低。

出血病

（一）出血病

在草鱼养殖期间，出血病是由病毒引起的致命病症，草鱼在出血病的影响下，身体中的血液将会不断积聚。若出血病过于严重，则草鱼的腹部将会变得鼓胀。出血病前期可利用解毒剂来对养殖池进行灌水，

肠炎病

避免病毒扩散。解毒剂的用量要控制在每亩池 1kg。解毒剂的用量并不固定，应结合草鱼的病情来适当调整。

（二）赤皮病与肠炎病

赤皮病与肠炎病均属细菌性疾病。感染赤皮病后，鱼体表面局部鳞片出现脱落，发病区域有发红、出血等表现。可全池泼洒鱼安，建议每亩 0.1kg。用肝肠宝 4.8g/kg、鱼肠安 15g/kg、三黄散 5g/kg 搅拌在饲料中，3d 为 1 个周期，持续治疗效果明显。

（三）水霉病

水霉病是由真菌感染所造成的一种病害，若草鱼存在外伤，则水霉就会通过草鱼的伤口感染草鱼的身体，草鱼感染后其身体将会变得暗淡，严重时还伴随有肌肉萎缩的情况，而且随着病情恶化，草鱼的肌肉还将会逐渐变成丝状并脱离草鱼的躯体。在对水霉病进行治疗时，要按照每亩 100mL 的用量加入药物，可以结合水体环境、草鱼体积等

因素来控制药水用量，药水用量最多不能超过每亩 150mL。

第二节　团头鲂的高效养殖与疾病防治技术

一、团头鲂的生物学

（一）形态特征

团头鲂（*Megalobrama amblycephala*）是鲤科、鲂属鱼类，俗称武昌鱼（图 6-2）。体长 165～456mm，体侧扁而高，呈菱形，背部较厚，自头后至背鳍起点呈圆弧形，腹部在腹鳍起点至肛门具腹棱，尾柄宽短。背鳍位于腹鳍基的后上方，外缘上角略钝，末根不分枝鳍条为硬刺，刺粗短，其长一般短于头长，起点至尾鳍基的距离较至吻端为近。鳃耙短小，呈片状。体呈青灰色，体侧鳞片基部浅色，两侧灰黑色，在体侧形成数行深浅相交的纵纹。鳍呈灰黑色。

图 6-2　团头鲂（引自《黄河流域鱼类图志》，2013）

（二）生活习性

团头鲂比较适合于静水性生活，平时栖息于底质为淤泥、生长有沉水植物的敞水区的中、下层中。团头鲂为草食性鱼类，幼鱼主要以枝角类、桡足类及少量水生植物嫩叶为食，鱼种及成鱼以苦草、轮叶黑藻、眼子菜等沉水植物为食。团头鲂主要分布于黄河、长江中下游中型湖泊。

二、团头鲂的养殖及饲料

（一）团头鲂的养殖

1. 团头鲂的养殖模式

近年来，团头鲂主要的养殖模式有精养和与鲫鱼混养两种，见表6-2。

表6-2 团头鲂主要养殖模式（顾夕章，2014）

项目		团头鲂		鲫		花鲢		白鲢	
		规格/（尾/kg）	密度/（尾/亩）	规格/（尾/kg）	密度（尾/亩）	规格/（尾/kg）	密度（尾/亩）	规格/（尾/kg）	密度（尾/亩）
精养模式	放养	20~30	1800~2200	—	—	0.15~0.25	50~60	0.15~0.25	50~100
	出塘规格	0.6kg以上		—		1.5~2.5kg		1.5~2.5kg	
混养模式	放养	20~30	1200~1500	20~30	600~800	0.15~0.25	50~60	0.15~0.25	50~100
	放养	0.6kg以上		400g以上		1.5~2.5kg		1.5~2.5kg	

2. 团头鲂的投喂技术

在养殖生产过程中，饲料投喂技术的高低直接影响到饲料的转化率及养殖效果，掌握运用好饲料的投喂技术是一个不容忽视的重要问题。投饵台位置适宜选择在池岸相对中间部位，要求面积开阔，常年背风、向阳、日照时间长的水面，且水位较深、池岸、底部相对平坦的区域。投饵台应伸出水面 2~3m，高出水面 50~150cm 为宜。一般结合池塘面积和吃食鱼的产量来确定投饵机的投喂面积大小和投饵机数量，每台常用小型自动投饵机年投喂饲料量一般在 20~50t；或一台自动投饵机正常最大可适用于 30~50 亩水面，具体根据养殖密度而定，密度大的情况下宜适当增加投饵机数量，以防投喂时团头鲂过于集中于投饵区，影响采食、鱼体生长和规格的均匀度等。投饵机单次投喂时长最好控制在 30min 内，投喂频率可控制在 5~9s 自动抛撒一次，以防止鱼类因摄食期间运动剧烈、高密度、长时间过于集中消耗过多体能，不利于体内蛋白质蓄积。

日投饲时间宜安排在日出、日落之间。受水中溶氧等限制，第一餐不宜过早投喂，宜安排在日出后 1~2h，如上午八九点后开始比较好。水温在 20℃ 以下，可投喂 1~2 次/日，20~24℃、2~3 次/日，25~28℃、3~4 次/日，30℃ 以上水温可视水质条件、天气状况等适度降低投喂次数。总之，日投喂量、日投饵频率等与天气、水温、鱼情、水质等息息相关，正常情况下，当日每次投饵量比例视水温、溶氧及水体耗氧等情况，可控制在早上 25%、中午 40%、晚上 35%。

（二）团头鲂的饲料

1. 饲料种类的选择

目前，以团头鲂料主打产品为例，前期（规格在 350~400g）推荐 1071 产品，以更好地满足团头鲂的营养需求和生长速度要求；后期推荐 1072 产品，以适度控制生长速度和提高鱼体抗应激能力。

2. 饲料粒径的选择

在团头鲂育成阶段，根据通威水产研究所推荐成果结合生产实际，建议的适宜饲料粒径见表6-3。

表6-3 团头鲂适宜饲料粒径推荐（顾夕章，2014）

规格/（g/尾）	粒径/mm	规格/（g/尾）	粒径/mm
30~50	1.5~2.0	250~350	3.5~4.0
50~150	2.0~3.0	>350	4.0~5.0
150~250	3.0~3.5		

团头鲂养殖饲料配方可参照表6-4。

表6-4 团头鲂饲料配方（胡颂钦，2023）

饲料原料	添加比例/%	饲料原料	添加比例/%
鱼粉	4.00	磷酸二氢钙	1.00
豆粕	25.00	矿物质预混料	0.50
菜粕	18.00	维生素预混料	0.50
棉粕	8.00	维生素C	0.50
棉籽蛋白	4.00	氯化胆碱	0.50
小麦粉	18.00	微晶纤维素	4.50
米糠	10.00	膨润土	2.00
豆油	3.00	诱食剂	0.50

三、团头鲂的常见疾病防治技术

（一）细菌性败血症

该病又被称为细菌性败血症、细菌性出血病、溶血性腹水病、出血性腹水病等，是淡水养殖中常见的一种细菌性疾病（图6-3）。

在许多已报道病例中主要是由嗜水气单胞菌感染引起，部分是由维氏气单胞菌、温和气单胞菌等感染。鱼种放养前要用生石灰或漂白粉彻底清塘消毒，养殖过程中池底淤泥过深时应及时清除，采用体外消毒和内服杀菌方法综合治疗。

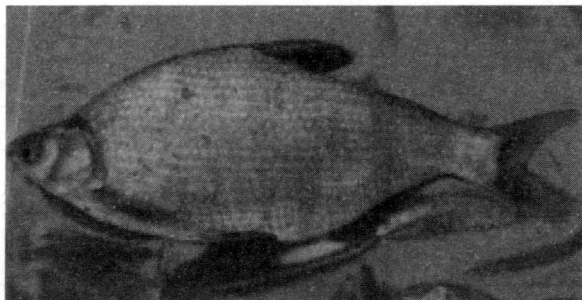

图6-3　患病团头鲂（习丙文，2022）

（二）指环虫病

指环虫病是由鳃片指环虫、坏鳃指环虫、鳞指环虫或宽颈指环虫等寄生在鱼皮肤和鳃引起的病害。指环虫大量寄生时病鱼鳃丝黏液增多，鳃片全部或部分呈苍白色，鳃部显著浮肿，鳃盖张开，病鱼呼吸困难，游动缓慢。可在鱼种放养前用生石灰彻底清塘，杀死虫卵和幼虫。

指环虫

（三）车轮虫病

车轮虫病是由显著车轮虫、卵形车轮虫、小车轮虫或眉溪小车轮虫寄生在鱼的鳃、皮肤而引起的病害。该病主要危害团头鲂鱼苗和鱼种，成鱼养殖中发病较少。一般发生在4~7月、水温20~25℃时，池塘水质清瘦或有机质含量

车轮虫

高、浮游生物少、连续阴雨天易发生该病。可在鱼种放养前用生石灰彻底清塘，杀死塘底虫体预防病害。

第三节　黄颡鱼的高效养殖与疾病防治技术

一、黄颡鱼的生物学

（一）形态特征

黄颡鱼（*Pelteobagrus fulvidraco*）是鲿科、黄颡鱼属的一种常见的淡水鱼（图6-4）。体延长，稍粗壮，吻端向背鳍上斜，后部侧扁。头略大而纵扁，头背大部分裸露。吻部背视钝圆。口大。眼中等大。鼻须位于后鼻孔前缘，伸达或超过眼后缘。鳃孔大，向前伸至眼

图6-4　黄颡鱼（引自《黄河流域鱼类图志》，2013)

中部垂直下方腹面。背鳍较小，具骨质硬刺，前缘光滑。脂鳍短，基部位于背鳍基后端至尾鳍基中央偏前。臀鳍基底长，起点位于脂鳍起点垂直下方之前。胸鳍侧下位，骨质硬刺前缘锯齿细小而多。腹鳍短，末端伸达臀鳍。肛门距臀鳍起点与距腹鳍基后端约相等。尾鳍深分叉，末端圆。活体背部黑褐色，至腹部渐浅黄色。沿侧线上下各有一狭窄的黄色纵带，约在腹鳍与臀鳍上方各有一黄色横带，交错形成断续的暗色纵斑块。尾鳍两叶中部各有一暗色纵条纹。

（二）生活习性

黄颡鱼多栖息于缓流多水草的湖周浅水区和入湖河流处，营底栖生活，尤其喜欢生活在静水或缓流的浅滩处，且腐殖质多和淤泥多的地方。黄颡鱼为杂食性，自然条件下以动物性饲料为主，鱼苗阶段以浮游动物为食，成鱼则以昆虫及其幼虫、小鱼虾、螺蚌等为食，也吞食植物碎屑。黄颡鱼分布于老挝、越南、中国、朝鲜、俄罗斯西伯利亚东南部，在我国分布于珠江、闽江、湘江、长江、黄河、海河、松花江及黑龙江等水系。

二、黄颡鱼的养殖及饲料

（一）黄颡鱼的养殖条件

1. 交通便利

交通条件直接决定了养殖场的运输能力，拥有便利的交通能够最大限度地减少运输成本，并间接提升养殖场的市场竞争力。前期建厂过程中的材料运输、饲料运输、药物运输，以及后期成鱼的运输都需要便利的交通作为支撑。

2. 水源充足、水质好

"养鱼先养水"，水是养殖业的生命线，良好的水源条件是养殖场能正常运行的基本要求。黄颡鱼养殖要求水质好，悬浊物少，与常规鱼相比，黄颡鱼的耐低氧能力欠佳，喜欢清洁的水，所以黄颡鱼养殖的池水透明度须有 35~40cm，为了避免缺氧浮头，需要将增氧机设置在密度高的养殖池中，并定期注入新水。黄颡鱼池塘的水碱性不应过高，且使用的防病的生石灰用量不可超出 $20g/m^3$。春天的池水不宜过深，有益于水温的提升，放苗时，水深需要保证在 80~100cm，并逐步加深至 1.5~2m。夏季池水要在 1.5~2m，池塘浅就会有强光照，满足不了黄颡鱼喜欢弱光觅食的习惯，并且高温季水质易变坏，需要适时更换池水，一般每个月更换 2~3 次，每次换水 20~30cm。在不方便换水或外池水质差的地方，应使用光合细菌等微生物制剂来改善和维持水质。天气突然变换，则需要加强夜间巡视，查看有没有浮头的预兆或其他突发状况，以便采取措施，避免意外。因秋天温度不断降低，水位较深有助于保持温度和水质的稳定。优质的水环境能促进黄颡鱼快速生长，从而缩短养殖周期，提高经济效益。

3. 养殖场地选择

养殖池建在通风大棚内，一般为水泥池或土池。水泥池以圆形、方形为宜，一个池的水域面积约 $9m^2$，池深大于 80cm。黄颡鱼喜阴暗，为了给黄颡鱼提供适宜的生长环境，养殖人员可在池底铺放一层鹅卵石、砂砾，在池中加入有缝的石头等作为"躲避屋"，并在养殖池上方铺一层约占 1/2 养殖池水域面积的遮阳网。养殖场应配置沉淀池、蓄水池、生物过滤池等污水处理系统，养殖池应建有进水口、排污口、排水口。为便于排水放污，排污口和排水口建在养殖池底部。为防止鱼逃跑，排水口、排污口上需要配备过滤网，且约 30d 更换一次。为利于排水，养殖池底部设计为中间低、四周略高的样式。养殖池内配置增氧机或者通气管，通气管要保证质量，且应安装一套备用增氧设施，以便在紧急情况下使用。

4. 鱼苗选择及放苗

挑选体表颜色正常光泽明亮、大小均一、游动性好、体质健壮、身体无伤和活泼好动的黄颡鱼鱼苗。黄颡鱼的背鳍有刺，养殖人员在挑选时要戴上防护手套。放苗宜选择在晴朗的上午，在夏季炎热高温天气下，可在清晨或者傍晚放苗。为避免黄颡鱼因养殖环境改变而出现应激，养殖人员应在放苗前于池内施用抗应激药物（如葡萄糖、维生素 C、芽孢杆菌等），并将装鱼苗塑料袋直接放入养殖池水中 10~15min，待袋内水温和养殖池水温一致后，再将塑料袋打开，将鱼放入池内。放入池内后，养殖人员可全池施用维生素 C 等，以增强幼鱼苗的免疫力。

（二）黄颡鱼的饲料

黄颡鱼是以肉食性为主的杂食性鱼类，常处水体下层，喜在夜间觅食，投喂饲料必须注意以下问题。一要注意饵料精细。黄颡鱼对饵料中的蛋白质质量安全要求较高。人工饲养时，可将小鱼虾、畜禽加工下脚料、螺蚌肉、鱼粉等动物性饲料与豆粕、花生饼、豆渣等植物性饲料拌匀后配合投喂。要求饲料中粗蛋白质含量达 35%~45%，粗脂肪含量达 5%~8%。二要驯化投喂。对天然野生黄颡鱼，必须经过 1 周驯食过程，使其适应白天摄食。驯化时配以固定的投饵信号，进行定点、定时投饵。先用鱼饵沿池边泼撒吸引鱼种，连续 2~3d 后待鱼种陆续开始摄食，再慢慢添加人工饲料拌入鱼饵中，定点投至水中固定地点，最后使黄颡鱼养成定点、定时摄食习惯。三要科学投喂。黄颡鱼因个体较小，摄食较慢，投喂时应注意"尽早开食、少食多餐"，根据天气、水温、水质等情况科学投喂。4 月前后，每

天投喂 2 次，投喂量为鱼体重的 1%～3%；5～9 月，每天投喂 3～4
次，投喂量为鱼体重的 3%～5%；10 月后，随着天气转凉，鱼体增
重，每天投喂 2 次，投喂量为鱼体重的 1%～2%。四要讲究方法。饲
料投喂要合理安排，可在每天水体溶氧比较充足时进行，上午溶氧较
低时，可少投；下午溶氧充足时可适当多投。同时，要根据天气、水
温、水质及鱼群摄食情况及时调整，晴天多投，阴天少投，雨天则少
投或不投。黄颡鱼养殖饲料配方参考表 6-5。

表 6-5　黄颡鱼饲料配方（冯鹏霏，2023）

饲料原料	添加比例/%	饲料原料	添加比例/%
鱼粉	27.00	维生素预混料	1.50
豆粕	19.00	矿物质预混料	1.50
菜籽粕	10.00	磷酸二氢钙	1.00
玉米蛋白粉	5.00	大豆卵磷脂	1.50
面粉	21.50	甜菜碱	2.00
鱼油	2.20	氯化胆碱	0.50
豆油	2.60	纤维素	4.70

三、黄颡鱼的常见疾病防治技术

（一）腹水病

腹水病又称大肚子病，是一种细菌性疾病。黄颡鱼感染腹水病
的主要症状为体表发黄，腹部肿大（图 6-5），黏液增多，肛门红
肿，鳍条发生溃烂并长出一层短短的白色绒毛，腹腔积累大量半透
明胶状物，肠内干净无内容物，肝脏失去色泽，变为偏黄色。针对
少量鱼出现腹水病的情况，养殖人员可用氟苯尼考 10g 拌饲料 10kg，
搅拌均匀后喂服；大量鱼出现腹水病时，可按照每立方米水体用氟
苯尼考 20～30g 的用量进行全池施药。

图6-5　腹水病（余洋平，2022）

（二）裂头病

黄颡鱼裂头病又称红头病、爆头病，是一种细菌性疾病，从幼鱼到成鱼期间都容易发病，每年6~9月是发病高峰期，一般冬季不会发生。针对患病鱼，养殖人员可用10g盐酸多西环素+20g胆汁酸拌料10kg饲料喂服。如果鱼不吃食，养殖

裂头病

人员可按照每立方米水体用15g盐酸多西环素+30g胆汁酸的用量进行全池施药。

（三）水霉病

水霉病又称白毛病。病鱼鱼体长"白毛"，食欲减退，行动呆滞，体表黏液脱落，鱼体两侧发生溃烂，溃烂边缘有淡黄色附着物，并带有异味。水霉病潜伏时间长，初期不易发现。为避免该病发生，养殖人员可在水温低于15℃时用加热棒将水温控制在15℃以上。如果发生大面积感染，养殖人员可用1.5%~2.0%盐水将病鱼浸泡15~20min。

（四）指环虫病

指环虫病属多发性鳃病，主要通过指环虫虫卵和幼虫传播。指环虫寄生于黄颡鱼鳃部，每个鳃片超过 200 个寄生虫就容易导致黄颡鱼窒息死亡，并且在吃食时也很容易出现炸群现象。针对患病鱼，养殖人员可每立方米水体用 20g 高锰酸钾浸泡病鱼 15~20min，并将 10g 维生素 C 拌入 10kg 饲料，搅拌均匀后喂服。

第四节 罗非鱼的高效养殖与疾病防治技术

一、罗非鱼的生物学

（一）形态特征

罗非鱼（*Oreochromis mossambicus*）属于鲈形目、丽鱼科（图 6-6），原产非洲，属热带性鱼类，罗非鱼属包括的亚种共有 100 多种。罗非鱼体侧高，背鳍具 10 余条鳍棘，尾鳍平截或圆，体侧及尾鳍上具多条纵、网列斑纹。罗非鱼具有生成快、产量高、食性杂、疾病少、繁殖力强等特点。罗非鱼的养殖主要集中在广东、广西、海南等温度较高的地区，以池塘精养为主。除了内销外，部分企业利用罗非鱼制作鱼片、鱼排等出口国外，为优良养殖品种。

罗非鱼一般有 4 种类型：①尼罗罗非鱼，外形呈现出线条状的垂直条纹，背鳍一般有 16~18 条硬棘，侧面的花纹多为 8~10 条，腹部呈黑色。②奥利亚罗非鱼，尾鳍花纹是不规则的灰黑斑块，背鳍硬棘数为 15~16 条，鱼体侧面的花纹也为 8~10 条，腹部的颜色呈现出蓝黑色。③齐氏罗非鱼，尾鳍花纹是不规则的斑点，背鳍硬棘数是 15~16 条，鱼体侧面的花纹为 8~10 条，腹部呈现出红色。

④伽利略罗非鱼，尾鳍花纹是无斑点或条纹，背鳍硬棘数是 14～16 条，鱼体侧面的花纹有 5~7 条，腹部呈现出其本身的颜色。

图 6-6　罗非鱼（宋明江，2022）

（二）生活习性

罗非鱼栖息在中下水层，是以植物性饵料为主的杂食性鱼类。罗非鱼不耐低温，在水温 10℃左右就会冻死。有些种类的罗非鱼会有口孵的行为，即雌鱼将受精卵含在口中，直到孵化为幼鱼，这种护幼行为对其繁殖十分有利。部分种类的罗非鱼在繁殖前，雄鱼会挖掘底土筑成盆状的巢，具有强烈的领域性，雌鱼将卵产于巢中，待孵化后再由雌鱼将幼鱼含在口中保护。

二、罗非鱼的养殖及饲料

（一）罗非鱼的养殖条件

1. 选择合适的鱼塘

在鱼塘的选择上，首先，要考虑水源，只有水源充足的池塘，才能更好地养殖罗非鱼；其次，要考虑池塘的注水以及排水条件；

再次，要考虑鱼塘改造时要控制的面积以及水深，便于为罗非鱼生长提供必要的空间，一般池塘的改造要考虑养鱼实际情况，注重精养高产，降低资源浪费；最后，要对池塘进行消毒，一般的消毒药物是生石灰、茶籽饼、漂白粉等，不同消毒药物的剂量、使用方式以及使用效果具有较大的差异。池塘消毒效果最佳的是生石灰，缺点是使用成本较高，工作量十分大；相对来说，漂白粉不仅应用效果好，同时操作简单，工作压力小。

2. 科学选择鱼种

不同繁殖需求的鱼种大小不一，一般对要过冬有繁殖需求的鱼种，其大小要控制在 5cm 左右，以保持鱼种的健壮。采用不同的监测方法及时甄别与监测鱼种，通常有几种监测鱼种的方法：第一种为查看鱼种的外形、颜色、触感等，颜色鲜艳且触感光滑为健康鱼种；第二种为查看鱼种的灵活度，当鱼在水中运动灵活，能逆水而游，便为健康鱼种；第三种为观察鱼的鳞片以及鳍条是否处于整齐的状态。鱼种要科学选择且要做好监测工作，确保罗非鱼能健康成长。同时还应做好施肥工作，由于罗非鱼主要以植物性饲料为主，应在池塘中人工饲养浮游生物、附生藻类等，让鱼塘中微生物大量繁殖，增加有机碎屑，为罗非鱼提供更好的食物，满足罗非鱼生长所需的物质。

3. 选择鱼苗规格

罗非鱼的成鱼养殖是当年养殖当年收获，所以通常来说鱼苗的规格不超过 10cm，这一类的鱼苗容易成活，具体到我国现阶段养殖的鱼苗规格来说，包括 3 种类型：第一种类型是早繁的鱼种，在 4 月开始繁殖，繁殖后经过一个月左右的生长体长可达 3cm，比正常养殖的鱼苗更早，收获时间为 5～10 月，质量为 400～500g；第二种类型是当年夏花的品种，这类鱼的繁殖时间为5月初，在繁殖20d后，经历30d能长成3cm左右的鱼种。相对来说，当年夏花品种的鱼苗的显著特征是数量多，生产成本低适合大规模养殖；第三种类型是越冬鱼苗，这一鱼苗属于繁殖中、晚期的鱼苗，在越冬前开始培育，长到一定长度后放入越冬池生长，在第二年的4~5月培养为成鱼苗，开始大规模的养殖。这一类鱼苗的成活率极高，在科学饲养后能在8~9个月生长成为体重400g的罗非鱼。这一养殖模式的显著缺点是养殖成本较高，因为要经过越冬这一阶段，但其优势也十分突出，能满足出口加工企业成批量的需要。综上，在鱼苗规格的选择上没有统一标准，不同地区气候环境不一致，放养时间也不一致，要根据生长实际环境以及市场需求来选择鱼苗。

4. 确定放养时间

罗非鱼耐寒性较差，所以养殖罗非鱼要掌握池塘的水温，一般而言，池塘养殖罗非鱼的水温应在16~37℃，高于或低于这一温度范围都不利于罗非鱼的养殖，在养殖水温范围内最佳的温度是22~34℃。不同区域的气候存在较大的差异，根据不同的气候、池塘水深等因素综合确定放养时间，更好地做好罗非鱼的养殖工作。

5. 划分养殖密度

罗非鱼的池塘养殖还应做好养殖密度划分工作，放养密度过大或过小都对罗非鱼的养殖极为不利，所以养殖人员要从池塘的面积、水深以及罗非鱼数量等实际情况考虑养殖密度，确保科学养殖。如养殖人员在3月放入鱼苗，一般每$0.067hm^2$要养殖1550尾鱼苗，一般罗非鱼质量达0.5kg时便可以售卖。同时在池塘养殖罗非鱼时还可混养其他鱼类，如鲢、鲫，利于为罗非鱼的养殖建立良好的生存环境。

（二）罗非鱼的饲料

罗非鱼是杂食性鱼类，喜欢吃浮游生物、有机碎屑和人工饲料，因此，在饲养管理上主要以投饲和施肥为主。

1. 施肥

饲养罗非鱼不论是单养还是混养，均要求水质肥沃。肥水中浮游生物丰富，而施肥可以培养浮游生物供罗非鱼摄食，同时肥料的沉底残渣又可直接作为罗非鱼的食料。因此，在保证不致浮头死鱼的情况下，要经常施肥，保持水质肥沃，透明度在 25～30cm 为好。一般每周每亩施绿肥 300kg 左右，施肥要掌握少而勤的原则。施肥的次数和多少，要根据水温、天气和水色来确定。水温较低，施肥量可大些，次数少些；水温较高，施肥量要少，次数多些。阴雨、闷热雷雨时，少施或不施；天晴适当多施。水色为油绿色或茶褐色，可以少施或不施肥；水色清淡的要多施肥。

2. 投饵

一般每天 8：00～9：00、14：00～15：00 各投喂饲料 1 次，日投喂量为鱼体重的 3%～6%，投喂的饲料要新鲜，霉烂变质的饲料不能投喂。豆饼、米糠等要浸泡后再喂，饲料要投放在固定的食场内。每天投饲量要根据鱼的吃食情况、水温、天气和水质来灵活掌握。一般每次投饲后在 1～2h 内吃完，可适当多喂；如不按时吃完，应少喂或停喂。晴天，水温高可适当多喂；阴雨天或水温低，少喂；天气闷热或雷阵雨前后，应停止投喂。一般肥水可正常投喂，水质淡要多喂，水肥色浓要少喂。

罗非鱼养殖饲料配方可参考表6-6。

表 6-6　罗非鱼饲料配方（李洋，2023）

饲料原料	添加比例/%	饲料原料	添加比例/%
面粉	30.50	食盐	0.20
豆粕	22.00	磷酸二氢钙	1.50
花生粕	14.00	氯化胆碱	0.40
棉籽粕	14.00	维生素预混料	0.20
菜籽粕	14.00	矿物质预混料	0.20
豆油	3.00		

三、罗非鱼的常见疾病防治技术

（一）链球菌病

病原为链球菌。前期主要是海豚链球菌感染，近年来主要是无乳链球菌感染发病。每年 6~9 月，水温达到 29℃以上容易流行。发病期间，减少投喂，尽量切断病原菌传播；加强水质管理，如增氧、调水等；另外进行水体消毒，可采用温和性的消毒剂如碘制剂全池泼洒进行杀菌。发病前可进行免疫防控，通过注射疫苗防控罗非鱼链球菌病是最有效的方法，并且不存在药物残留的风险。

（二）细菌性肠炎病

病原为肠型点状气单胞菌，流行季节主要是高温季节，水温在 25℃以上时，过量投喂或投喂变质饲料情况下容易发生，如果投喂量少一般不发生此病。发病期间不投喂变质饲料，不过量投喂饲料；保持水质良好，高温季节每月用生石灰按 $20g/m^3$ 水体全池泼洒一次，或者用消毒剂按说明泼洒，有预防作用。

（三）罗非鱼突眼病

该病也叫罗非鱼细菌综合征，或叫罗非鱼细菌眼病。罗非鱼突眼症状可能是由不同的病原体引起，主要是由链球菌引起，还有爱德华氏菌、荧光假单胞菌也可以引起该症状。放鱼苗前可池塘消毒，如用二氧化氯进行养殖水体消毒，使用量按照产品使用说明书，连续 2~3d，或用生石灰按照每 $1m^3$ 水体 20 g 用量，15d 1 次进行预防。

（四）肝胆综合症

罗非鱼细菌病几乎都可以引起肝胆肥大，使罗非鱼肝变成异色，胆变大，颜色变淡，呈水样化，但可以检测出具体的病原体。罗非鱼肝胆综合症是检不出具体的病原体，但肝胆变异的一种病。发病时若病症较轻，应将日常投料减半，若较为严重，应立即停食 1~2d，或选择质量较好的饲料进行投喂。

第五节　大口黑鲈的高效养殖与疾病防治技术

一、大口黑鲈的生物学

（一）形态特征

大口黑鲈（*Largemouth bass*，*Micropterus salmoides*）俗称加州鲈，属广温性鱼类，原产北美洲密西西比河流域（图6-7）。1983 年引入广东省，现主要分布在广东、江苏、浙江、江西、四川和福建等省份。大口黑鲈一般成熟体长在 25~35cm，最大可达 50cm。身体呈纺锤形，侧扁，背肉稍厚，横切面为椭圆形。口裂大，斜裂，颌能伸缩齿为绒毛细齿，比较锐利。身体背部为青灰色，腹部灰白色。从吻端至尾鳍基部有排列成带状的黑斑。鳃盖上有 3 条呈放射状的黑斑。体被细小栉鳞。背鳍硬棘部和软条部间有缺刻，不完全连续；侧线不达尾鳍基部。第一鳃弓外鳃耙发达，骨质化，形状似禾镰，除耙背面外，其余三面均布满倒锯齿状骨质化突起，第五鳃弓骨退化成短棒状，无鳃丝和鳃耙。体被细小栉鳞。背部为青绿榄色，腹部黄白色。尾鳍浅凹形。

图6-7　大口黑鲈

（引自《中国南方淡水鱼类原色图鉴》，2017）

（二）生活习性

大口黑鲈主要栖息在水温较暖的湖泊与池塘浅水处，喜栖息于沙质或沙泥质且浑浊度低的静水环境，尤其喜欢群栖于清澈的缓流水中。经人工养殖驯化，已能适应稍微肥沃的水质。在池塘中一般活动于中下水层，常藏身于植物丛中。在水温1~36℃范围内均能生存，10℃以上开始摄食。大口黑鲈是以肉食为主的杂食性鱼类，刚孵出鱼苗的开口饵料为轮虫和无节幼体，稚鱼以食枝角类为主，幼鱼以食桡足类为主。长3.5cm的幼鱼开始摄食小鱼，在食物缺乏时，常出现自相残食现象。其掠食性强、摄食量大，水温在25℃以上时，幼鱼摄食量可达本身体重的50%，成鱼达20%。人工饲养时，可投喂切碎的小杂鱼作饲料；经驯化后，也可以投喂人工配合饲料。

二、大口黑鲈的养殖及饲料

(一) 大口黑鲈的养殖条件

1. 鱼塘条件

大口黑鲈塘口最适养殖面积为 5~20 亩，池塘呈长方形，东西走向，水深在 2~3m 为宜。池底平坦，淤泥厚度在 10cm 左右；水源最好为淡水，清洁无污染，符合渔业水质标准；进排水方便。每个池塘最好配备增氧机 1kW/亩（水车、轮式增氧机、涌浪机等搭配使用），还需具有弧形围网和料台，最好具有排换水系统。

2. 放苗前的准备

放苗前应做好杀灭敌害微生物、用有益菌稳定 pH 和培育饵料生物等工作，水温 10℃以上，溶氧 3mg/L 以上，盐度 10 以下，pH 6~8.5。鱼苗下塘前 10d 用生石灰 50~75kg/亩清塘，全池泼洒，杀灭病菌、寄生虫和野杂鱼等敌害生物。清塘后施有机肥，促进浮游生物繁殖，为鱼苗提供丰富的饵料生物。鱼苗下塘前一定要用少量鳙鱼和大口黑鲈苗进行试水，确定水质安全无毒害后再进行放苗。

3. 苗种的选择

好的苗种决定养殖的难易度和养殖效益，应当选择逆水游泳能力强、内脏健康、抢食凶猛和集群程度强的鱼苗进行投放。建议选择有知名度的苗场进行购苗，切勿贪图便宜。购买鱼苗时一定要选择不携带病毒的鱼苗，大口黑鲈苗种携带最多的是虹彩病毒；要选择同一批次的苗种，避免自相残杀。

4. 放苗时间及密度

苗种的投放时间因地区不同而存在差异，江浙一带，大多在 3 月中旬到 4 月中旬投放大口黑鲈鱼苗，而广东地区由于气温回暖较快，一般集中在 2~4 月进行放苗。若采取池塘主养模式，每亩放规格 4~5cm 苗种 4000 尾左右，另外搭配大规格（500g/尾以上）鲢鳙苗种 20~30 尾。养殖户可以根据自身养殖条件进行选择，比如水源、环境好的鱼塘可适当增加养殖密度，相对差的适当降低养殖密度。大口黑鲈养殖饲料配方可参考表 6-7。

表 6-7　大口黑鲈饲料配方（常阔，2023）

饲料原料	添加比例/%	饲料原料	添加比例/%
鱼粉	40.0	矿物质预混料	0.5
大豆浓缩蛋白	10.00	维生素预混料	0.5
豆粕	10.00	氯化胆碱	0.5
面粉	20.0	Ca	1.0
鱼油	4.0	羧甲基纤维素	1.0
豆油	4.0	纤维素	8.3
维生素 C	0.2		

（二）大口黑鲈的饲料

1. 大口黑鲈的饲料选择与投喂

大口黑鲈是典型的肉食性鱼类，摄食范围广，在天然水域中主要捕食昆虫、虾和蝌蚪等，人工养殖可摄食配合饲料。在放养苗种初期须驯食一段时间，用野杂鱼和专用饲料投喂，把野杂鱼切成适合大小的鱼块向高处抛入水中，并投喂少量的颗粒饲料，引起水面波动，诱使鱼苗吞食。每 2~3h 投喂 1 次，3d 后逐渐增加颗粒饲料，减少鱼块，投喂频率也逐步减少。经 7~10d 的驯食，完全转变为颗粒饲料投喂的方式。经过精心驯化后的大口黑鲈可以直接投喂颗粒饲料，有效减少水体污染，降低养殖成本。大口黑鲈饲料要求蛋白质≥40%，且动物蛋白质占比大于 65%，饲料中还含有一定量的纤维素，具有丰富的营养成分。使用专用颗粒配合饲料、鱼粉替代天然饵料极大地降低了养殖成本，一般来说饲料占养殖总成本的50%~60%。大口黑鲈的不同生长阶段投喂的饲料不同，苗种阶段投喂1~3号饲料，成鱼阶段投喂4~6号饲料。投喂次数也不同，苗种阶段一般每天投喂4~5次，成鱼阶段则每天投喂2~3次。投喂饲料的重量占池塘鱼总重的8%~10%，每天最佳投喂时间为上午9~10时和下午3~4时，为保证大口黑鲈的生长，8月中旬可适当增加饲料投喂量。饲料投喂要遵循"慢—快—慢"的原则，且每次投喂时长不超过30min，防止饵料沉底、浪费饲料并污染水体。

2. 饲养管理

饲养管理主要是对水质、水位、鱼池环境进行管控。大口黑鲈喜好清水，在整个养殖过程中不仅要水质清新，而且也需要保证溶氧量。在夏秋季水质容易过肥进而导致水质的恶化，需要增加换水次数，以确保水质"肥、活、嫩、爽、稳"。换水时需要保证水的透明度，一般每10~15天换水1次，每次换水1/3即可。鲈鱼的生长与水域环境有着密不可分的关系，当温度较低时需将水位降低，随着温度的升高则需逐步地将水位提高。池塘应配备增氧机，增加水体溶氧。每天早晚坚持巡塘，以免溃堤、漏洞跑鱼等情况的发生，发现问题时应及时采取措施。定期监测水质，一般要求水体溶氧大于5mg/L、pH 7.5~8.6、水温20~25℃。做好养殖日志，定期记录好大口黑鲈的生长状况。

三、大口黑鲈的常见疾病防治技术

（一）虹彩病毒病

病鱼主要表现症状为离群独游，鳃丝变白或伴有出血点，肝脏肿大变白或呈现土黄色，脾脏肿大。此病重在预防，治疗时不得使用菊酯类、有机磷类、强氯精等强刺激性杀虫、杀菌药物，养殖水体不得大排大灌，否则会因外来刺激继而增加死亡量。

（二）细菌性败血症

细菌性败血症的病原通常是嗜水气单胞菌、温和气单胞菌等气单胞菌属细菌，患病鱼肛门红肿、腹部充血、肿胀，眼球充血发红，体腔或肠道内有黄色液体，肝脏充血而呈现紫红色，尾鳍及背鳍末端变白。治疗此病可采取全池泼洒苯扎溴铵或戊二醛，同时内服恩诺沙星+硫酸新霉素+保肝护肝制剂+维生素 K_3 粉。

（三）诺卡氏菌病

此病主要由诺卡氏菌感染引起，病鱼体色发黑，离群独游于水面，反应迟钝，吃食下降或不吃食，腹部膨大，体表有少量出血。诺卡氏菌为革兰氏阳性分枝杆菌，对磺胺类、大环内酯类及喹诺酮类药物比较敏感。治疗该病时，首先使用过硫酸氢钾、高铁酸钾或芽孢杆菌、光合细菌改良池塘水质，第二天用聚维酮碘全池泼洒，第三天用大黄末全池泼洒，同时拌饲料投喂恩诺沙星+保肝护肝制剂+复合多维制剂，连续服用 5~7d。

（四）烂鳃病

此病主要由柱状黄杆菌感染引起，患病鱼鳃丝腐烂且附有污物，严重时鳃盖内外表皮充血发炎。本病常与其他疾病如溃疡病并发，也常与车轮虫、指环虫等寄生虫病并发。治疗该病时，如若镜检发现寄生虫，则需先杀虫，第二天全池泼洒苯扎溴氨或二氧化氯或聚维酮碘。病情严重时需内服氟苯尼考或恩诺沙星+维生素 K_3 粉一个疗程。

参考文献

[1] 蔡文仙，张建军. 黄河流域鱼类图志 [M]. 杨凌：西北农林科技大学出版社，2013.

[2] 沈文新，程晓. 草鱼生物学特点及池塘养殖技术 [J]. 现代农业科技，2014 (19)：287，289.

[3] 郭红喜，周琰，柯彦若，等. 基于成本效益分析的草鱼不同池塘养殖模式比较——以广东省为例 [J]. 安徽农业科学，2021，49 (13)：92-94，102.

[4] 徐光明，刘阿朋，董立学，等. 硫酸亚铁和蛋氨酸螯合铁在草鱼实用膨化饲料中应用效果比较研究 [J]. 动物营养学报，2023，35 (10)：6587-6597.

[5] 张永花. 浅谈草鱼养殖及病害防治技术 [J]. 南方农业，2020，14 (32)：167-168.

[6] 杜海香. 草鱼的养殖技术及病害防治技术探讨 [J]. 农业与技术，2019，39 (17)：127-128.

[7] 胡颂钦，穆俏俏，林艳，等. 饲料中茶多酚的添加量对团头鲂幼鱼生长、饲料利用和抗氧化能力的影响 [J]. 水产学报，2023，47 (6)：144-155.

[8] 刘国信. 团头鲂养殖技术 [J]. 齐鲁渔业，2008 (2)：31-32.

[9] 顾兆俊，朱浩，杨家朋，等. 大规格团头鲂养殖试验 [J]. 科学养鱼，2014 (9)：82-83.

[10] 顾夕章，吴强强，蒋宗杰，等. 团头鲂养殖模式及投喂管理技术要点 [J]. 科学养鱼，2014 (8)：18-19.

[11] 习丙文，毛颖，马迪. 团头鲂与鲫鱼养殖常见疾病及其防治方法 (上) [J]. 科学养鱼，2022 (5)：26-27.

[12] 彭健森. 黄颡鱼健康养殖技术 [J]. 智慧农业导刊，2022，2 (15)：86-88.

[13] 冯鹏霏，潘传燕，马华威，等. 饲料中添加马尾藻多糖对杂交黄颡鱼生长性能、血清生化指标、消化酶活性和抗氧化能力的影响 [J]. 动物营养学报，2023，35 (7)：4485-4494.

[14] 余洋平. 黄颡鱼养殖技术和常见病害防治措施 [J]. 乡村科技, 2022, 13 (21): 90-92.

[15] 胡姝, 于丽, 刘瑜, 等. 出口黄颡鱼主要病害特点及检疫防治建议 [J]. 现代农业科技, 2021 (9): 225-226.

[16] 宋明江, 多楚, 孙文平, 等. 我国罗非鱼引进与发展概况 [J]. 四川农业科技, 2022 (6): 98-101.

[17] 黄德文. 罗非鱼池塘养殖技术要点分析 [J]. 农业技术与装备, 2022 (11): 137-138.

[18] 王祖峰, 张翔, 王浩, 等. 罗非鱼健康养殖技术概述 [J]. 科学养鱼, 2022 (6): 14-15.

[19] 李洋, 王艳丽, 张文静, 等. 植物性蛋白质饲料中添加不同类型的复合诱食剂对吉富罗非鱼生长、免疫及肠道消化酶活性的影响 [J]. 动物营养学报, 2023, 35 (8): 5309-5321.

[20] 甘西, 蓝家湖, 吴铁军, 等. 中国南方淡水鱼类原色图鉴 [M]. 郑州: 河南科学技术出版社, 2017.

[21] 黄洋洋. 大口黑鲈养殖技术 [J]. 水产养殖, 2023, 44 (7): 60-62.

[22] 钟淋, 周鑫宏, 张静, 等. 西南地区大口黑鲈外塘高效养殖技术 [J]. 科学养鱼, 2022 (12): 40-41.

[23] 常阔, 高世阳, 田二杰, 等. 豆粕饲料中添加丁酸钠对大口黑鲈肠道菌群组成的影响 [J/OL]. 中国饲料, 1-7 [2023-08]. DOI: 10.15906/j.cnki.cn11-2975/s.20230101.

[24] 杨先乐, 李罗新. 大口黑鲈病害及防控措施 (上) [J]. 科学养鱼, 2023 (3): 11-12.

第七章　常见经济海水鱼类高效养殖与疾病防治技术

第一节　大黄鱼的高效养殖与疾病防治技术

一、大黄鱼的生物学

（一）形态特征

大黄鱼（*Larimichthys crocea*）是石首鱼科、黄鱼属鱼类（图7-1）。体延长，侧扁，体侧腹面有多列发光颗粒，头钝尖形。口裂大，端位，倾斜，吻不突出，上颌长等于下颌，上颌骨后缘达眼眶后缘，下颌齿内列齿较大，外列齿紧贴内列齿。颏孔4或6个，中央4孔呈四方排列在颐缝合周围，前2孔细小。鼻孔2个，长圆形后鼻孔较圆形前鼻孔大。眼眶下缘伸达前上颌骨顶端水平线。前鳃盖后缘具锯齿，鳃盖具2扁棘。头部除头顶后部外皆被圆鳞，体侧前1/3圆鳞外，余被栉鳞，鳞片较小。耳石为黄花鱼型，即呈盾形。腹鳍基起点在胸鳍基上缘点垂线之后，尾鳍楔形。鳔前部圆形，不突出为侧囊，后端细尖，每一个侧支具有腹分枝及背分枝，背分枝呈翼状开展，腹分枝分上下两小枝。体侧上半部为黄褐色，下半部各鳞下都具金黄色腺体。背鳍浅黄褐色；尾鳍浅黄褐色，末缘黑褐色；臀、腹及胸鳍为鲜黄色。口腔内白色，口缘浅红色。鳃腔上部黑色，下部粉红色。

图7-1 大黄鱼（引自《中国渔业报》，2022）

（二）生活习性

大黄鱼主要栖息于沿岸及近海砂泥底质水域，大多栖息于中底层水域，会进入河口区。大黄鱼厌强光，喜混浊水流，黎明、黄昏或大潮时多上浮，白昼或小潮则下浮至底层，主要以小鱼及虾蟹等甲壳类为食。鳔能发声，在生殖期会发出"咯咯"的声音；在鱼群密集时的声音则如水沸声或松涛声；生殖季节到来时会群聚洄游至河口附近或岛屿、内湾的近岸浅水域。大黄鱼分布于西北太平洋区，包括中国、日本、韩国、越南沿海，在中国分布于黄海南部、东海。

二、大黄鱼的养殖及饲料

（一）大黄鱼的养殖条件

1. 养殖海域的选择

（1）风浪条件：现有海水养殖网箱的抗风浪能力有限，应选择避风条件好的港湾，或附近有山头与岛屿阻挡的海域，也可将人工设置固定式与浮动式防浪堤的海域作为网箱设置区域。

（2）潮流和水深条件：兼顾养殖区水体交换和通过挡流措施控

制网箱养殖区内水体流速，宜选择水体流速在 2m/s 以内海区，最宜 1~2m/s；流向要平直而稳定，即往复流的海区较适宜，不宜设置在有回旋流的海区。海区有效水深（平潮时）要在 10m 以上，最低潮时网箱离海底至少有 2m 的距离。

（3）周边环境与水质条件：设置网箱的海区水质要符合《无公害食品海水养殖用水水质》（NY 5052—2001）标准，上游应无工业"三废"或医疗、农业、城镇排污口等污染源。海区年表层水温变化在 8~30℃，盐度在 13~32，溶解氧 5mg/L 以上，pH 7.5~8.6。透明度在 1m 左右为宜，透明度太大会引起鱼惊动与不安，且网箱易附生附着生物，透明度太小时会影响摄食。

2. 网箱的设置

生产上俗称的大黄鱼网箱养殖渔排是指由多个网箱按一定框架结构组成，并配备养殖管理附属设施的养殖单位，其主要由网箱框架、网箱网衣、附属设施、生产配套设施设备等部分组成。

（1）网箱框架：为提高网箱养殖的防风浪能力并满足环保的需要，目前以木板和塑料泡沫为主要原料制作的网箱框架已逐步被 HDPE 全塑胶网箱框架所替代，并出现框架周长 60~120m 的 HDPE 大网箱。

（2）网箱网衣：养殖网箱的网衣一般以质地柔软的聚氯乙烯胶丝或合成纤维尼龙线编织的结节网片缝制，同时为减少刮伤大黄鱼鱼体的概率，其网衣网眼应比其他同规格养殖鱼所用网箱的网眼稍偏小。

（3）附属设施：大黄鱼网箱渔排附属设施主要包括挡流网、投饵筐和网箱的盖网等。

（4）生产配套设施设备：生产配套设施设备包括管理房、饲料加工设备、仓库、交通船以及水电供应、换洗网箱与维护环境卫生等设施设备，根据渔排规模大小和养殖管理需要进行设置。

3. 网箱的布局

网箱的布局是否合理、科学，关系到大黄鱼养殖环境、效率、效益等，一般网箱总面积占整个网箱养殖区总水面的比例在 10%~15%。网箱不能离岸边太近，视地形与水深情况应保持离岸 20~50m 的距离。大黄鱼网箱养殖区科学合理布局如图 7-2 所示。

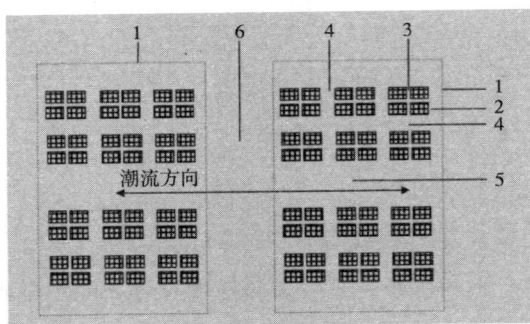

图 7-2　网箱科学合理布局图（谢正丽，2021）

1—网箱养殖区　2—养殖渔排　3—子通道（宽 10m 以上）

4—次通道（宽 20m 以上）　5—主通道（宽 50m 以上）

6—网箱养殖区间通道（宽 1000m 以上）

（二）大黄鱼的饲料

1. 冰鲜杂鱼饵料及加工

冰鲜杂鱼饲料主要分为冰冻小杂鱼和鲜小杂鱼。冰鲜杂鱼需加工后进行投喂，大黄鱼商品鱼养殖阶段，经加工的冰鲜饲料饵料系数略高于 5，而未经加工的小杂鱼饵料系数高的可达 8~10。

2. 人工配合饲料

大黄鱼配合饲料有 3 种形态，即颗粒饲料、浮性膨化饲料、湿颗粒饲料。目前，应用较广的是浮性膨化饲料，因其浮于水面较适合大黄鱼的摄食习性，既能避免营养流失和水质污染，又方便养殖者观察鱼摄食情况，饲料利用率高。大黄鱼的养殖饲料配方可参考表 7-1。

表 7-1　大黄鱼饲料配方（朱婉晴，2022）

饲料原料	添加比例/%	饲料原料	添加比例/%
鱼粉	45	大豆软磷脂	1.5
小麦面筋	15	$Ca(H_2PO_4)$	1.5
小麦粉	30.23	维生素预混料	1
鱼油	2.23	矿物质预混料	1
豆油	1.54		

3. 饲料投喂

晚春初夏与秋季水温在 20~25℃，是大黄鱼生长的适宜季节，一般每天早上与傍晚各投喂 1 次。水温 10~15℃ 时每天 1 次，阴雨天气时，可隔天 1 次。遇大风天气或大潮时，每天投喂 1 次，甚至不投。当天的投喂量主要根据前一天摄食情况，以及当天的天气、水色、潮流变化，有无移箱操作等情况来决定。在投喂前及投喂中，尽量避免人员来回走动而惊扰鱼体影响其摄食。在高温期（水温 29℃ 以上），应尽量选择合适的配合饲料进行投喂，少投或不投冰鲜饲料，并控制投喂量，不宜使其摄食过多。

三、大黄鱼的常见疾病防治技术

大黄鱼养殖病害的防治是整个养殖过程中的重要环节，它直接关系到养殖成功与否和效益的高低。在整个养殖过程中，大黄鱼都有病害发生的可能。

（一）烂背鳍病

烂背鳍病主要发生在越冬后期和养殖前期，以 2 龄鱼居多。主要原因是鱼经过越冬，体内贮藏的能量物质消耗已尽，体质很弱，细胞组织营养不足，引发组织病变及组织坏死。如不及时治疗，该病会继发细菌性感染，最后导致死亡。治疗方法：①及早恢复投饵。②在饲料中添加无机盐、矿物质和维生素等微量元素和营养物质。

（二）肠炎病

肠炎病在整个养殖过程中都可能发生，高温期尤为多发，主要原因是投喂不新或变质的饵料，环境和投料器皿消毒不彻底及投料过量导致鱼吃得过饱等。防治方法：①6 月中旬开始坚持投喂大蒜汁。②定期投喂食母生。③高温期控制投饵量。④不投喂变质的饵料。⑤做好环境卫生，每次使用投料器具前进行消毒。

（三）夏秋季综合征

该病主要症状有鱼体表出现白点，后发现眼部发白、突出、充血，鱼体表失去正常光泽，最后发展到烂头烂尾而死亡，发病期是水温在 25℃ 以上的夏秋季，死亡率极高，该病以网箱养殖为主。主要原因被认为是由寄生虫引起的细菌继发性感染，因为鱼体表有寄生虫，鱼极度难受，不停地游动、擦网，导致鱼体表损伤而继发细菌感染。该病应内服外浴综合治疗。

（四）脂肪肝

脂肪肝表现为肝脏发白，脆性，失去正常肝脏的色泽。主要原因是投喂单一的鲜饲料。该病不会导致鱼直接死亡，但使鱼抵抗疾病的能力下降，容易感染得病。可在饲料中添加多维及氯化胆碱进行防治。

第二节　大菱鲆的高效养殖与疾病防治技术

一、大菱鲆的生物学

（一）形态特征

大菱鲆（*Scophthalmus maximus*）属于鲽形目、鲆科、菱鲆属，主要产区位于大西洋东侧沿岸，是东北大西洋沿岸的特有名贵低温经济鱼种之一（图7-3）。1992年该鱼由中国水产科学研究院黄海水产研究所首次引入中国，已成为我国特别是北方地区的主要养殖品种。大菱鲆身体扁平呈菱形，两眼位于头部左侧，眼间隔平而宽。身体裸露无鳞，只在有

养殖大菱鲆

眼侧被以少量较小于眼径的骨质突起。背面呈青褐色，间有点状黑色素，黑色和咖啡色花纹隐约可见，该鱼能随生活环境和底质的变化而改变体色的深浅。腹面光滑呈白色、无鳞。背鳍和臀鳍各自相连成片而无硬棘，背鳍前端鳍条不分枝，有鳍膜相连，体长为体高的1.3~1.5倍。

图 7-3 大菱鲆

(引自《中国常见外来水生动植物图鉴》, 2020)

（二）生活习性

大菱鲆为底栖性鱼类，无眼侧着底生活，觅饵时跃起捕食，平时一般浮动较少，其性格温驯，在养殖条件下很少发现有相互残食的现象发生。大菱鲆为冷水性鱼类，其最高致死温度为 28～30℃，最低为 1～2℃，最适宜生长温度为 14～17℃，一般水温超过 21～22℃就停止生长。

二、大菱鲆的养殖及饲料

（一）大菱鲆的养殖条件

1. 养殖场地的选择

较好的大菱鲆养殖场应具备以下条件：海区水质常年较为清新、有机物较少，不易发生赤潮，盐度相对稳定，不易受台风影响，其中最重要的是水温适宜，尤其是夏季水温不能超过 23℃，因此必须有相应降温措施。如果能打出地下海水井，利用恒温水（11~18℃）养殖最好。但地下海水井井水的各项理化因子必须符合国家渔业水质标准。另外要求交通便利，电力供应正常，淡水水源充足。

2. 养殖池

养殖水池有钢筋混凝土、水泥砖、玻璃钢和帆布等，池形有圆形、八角形、方形等，面积一般在 30~100m²，池深 80~100cm。每池有 2~4 处进水口，水流朝同一方向，使水池中水流能在进水时旋转起来。排水口位于池中央，这样不仅可以借助进水及中央池底的坡降形成环流，使水流分布均匀，水更换充分，减少寄生虫的滞留侵害，还可以及时随水流带走残饵粪便等污物，降低劳动强度，减少因人工操作引起的养殖鱼所受损伤和惊扰，提高养殖成活率。

3. 水处理设施

开放式循环流水养殖方式，可采用天然海水或地下海水两种不同的水源处理方式。

（1）天然海水：天然海水需经过滤消毒，过滤对于大部分养殖场而言，是一种主要的水处理方式，主要去除水中的悬浮物和其他较大颗粒，以及个体较大的寄生虫，过滤手段是砂滤。消毒可在蓄水池中使用各种消毒剂消毒以及紫外消毒或臭氧发生器消毒。

（2）地下海水：地下海水一般很清洁，不用过滤，并且各种致病病原体较少，无须消毒，但因为地下水含氧量较低，需经曝气池充分曝气后使用。若采用封闭式养殖方式，则水的处理设施中需配备过滤池、生物过滤池、紫外消毒或臭氧发生器消毒等消毒设施。

（3）其他必备设施：除上述设施外，大菱鲆养殖厂还应配备鼓风机、锅炉、备用发电机等。

4. 苗种的选择

苗种的质量决定着大菱鲆的生活生长和成活率,直接影响到养殖户的经济效益,因此在选择苗种时应注意以下几个方面。①选择体质健壮、游动活泼、规格整齐、大小适宜、体形正常无畸形、没有损伤、没有鱼病和寄生虫的苗种。②选择体色正常,背呈沙色,体表光滑,背鳍、臀鳍透明,身体富有弹性,在池底集中生活,受到刺激或惊吓时急速游动的苗种。③选择育苗场培育出同一批苗种中规格较大者,至少达 5cm 以上。

5. 苗种的放养

苗种的放养密度与饲养条件、水质、水交换量、管理水平、人员素质等有密切关系,应根据节水、节能、管理方便的原则灵活掌握。通常 5~6cm 苗种入池时 150~200 尾/m²,成鱼养殖密度 20~30 尾/m²。

(二) 大菱鲆的饲料

1. 投饵

大菱鲆是冷水性底栖生活的鱼类,活动较少,对蛋白质的需求量较高。养成饲料通常有干性颗粒饲料、湿性颗粒饲料和小杂鱼。我国大部分养殖场采用湿性颗粒饲料(即用鲜杂鱼、鱼粉、添加剂等制成)。在大菱鲆苗种期(10cm 以下)每日投饵 3 次,随着体重增大可减少投喂次数,每日喂 2 次。日投饵量前期为鱼体重的 6%,具体投饵量根据鱼摄食情况来确定,原则上不能有余饵。投饵方法上,应掌握"慢—快—慢"节奏,即开始时少投慢投,以诱导鱼上浮摄食,待鱼纷纷向上层争食时,则多投快投,当大部分鱼吃饱散开或下沉时,则减慢投喂速度,以照顾弱小。在水温低于 12℃或高于 22℃鱼不摄食时,可适当减少投饵次数及投饵量甚至停饵,尤其注意在药浴前不能投饵。

2. 饲养管理

大菱鲆养成期间除测定水温之外，有化验条件的养殖场，最好每天化验、检测水的溶解氧、盐度、pH、硫化物含量、氨氮浓度。

水质的调节主要以调整换水量来控制，换水量应与养殖密度和水温高低有关。养殖密度越大，水温越高，换水量应越大。换水量保持在 5～10 个循环/日。

残饵和排泄物的堆积会使水质恶化，易发生病害，造成死亡。因此，每次投饵完毕，要拔掉排污水管，迅速降低水门，并使池水快速旋转，彻底改良池内水质，带走池底大量的污物和残饵。同时要清洗池壁及充气管、气石上粘着的污物。另外要捞出死鱼，集中埋掉或用火焚烧。水桶、捞网等用消毒剂杀毒。

大菱鲆养殖饲料可参考表7-2。

表7-2　大菱鲆饲料配方（高雪征，2022）

饲料原料	添加比例/%	饲料原料	添加比例/%
鱼粉	50.00	卵磷脂	1.0
豆粕	20.00	胆碱	0.5
虾粉	3.0	维生素 C 磷酸酯	0.5
面粉	17.4	DMPT	0.1
鱼油	3.0	维生素预混料	1.0
玉米油	3.0	矿物质预混料	0.5

三、大菱鲆的常见疾病防治技术

（一）红体病

病原为虹彩病毒。病鱼鳃丝贫血，呈暗灰色，鳍基部出血，严重者整个身体出血发红，胃肠壁呈点状出血，摄食力下降、活力差、不易集群。感染初期死亡较少，但出现明显症状后死亡很快。防治方法为：①避免投喂不新鲜的冰冻杂鱼，以防病毒被带入养殖池中。②一旦发现病鱼要及时隔离。③在饵料中添加抗病毒药物（如"抗病毒免疫促长素"）和"鲆服康"内服，每日两次，连喂5~7d为一个疗程。

（二）黑瘦症

病原为灿烂弧菌。发病鱼苗体色发黑，头部大，身体相对较小，呈畸形，不摄食、活力差、发育迟缓、变态率低，最后沉底死亡。孵化后7~18d的早期仔稚鱼易受感染，此病发病率高，死亡快，属急性死亡。防治方法为：①保持养殖用水的清洁和充足的换水量。②用"参鲆菌毒杀"对轮虫及卤虫进行消毒处理后再收集投喂鱼苗。③用"高浓度复合戊二醛"全池泼洒进行药浴，连续处理3d，每天药浴时间在8h以上。同时在饵料中添加"溃疡平"内服，每日两次，连喂3~5d为一个疗程。

（三）白鳍病

病原为鳗弧菌。病鱼背、腹鳍变浊白，鳍的边缘卷曲，鳍组织出现溃烂。腹部外观呈现橘红色。严重感染的病鱼体色变暗、不摄食、漂游水面、游泳无力。此病主要发生在25~40d的仔稚鱼，表现为急性死亡。防治方法为：①养殖用水要严格过滤，并经过消毒处理以保证水质清洁。②降低养殖密度，加大换水量，及时吸污清底和清除死亡鱼苗。③用"参鲆菌毒杀"对轮虫及卤虫进行消毒处理后再收集投喂鱼苗。④用"高浓度复合戊二醛"全池泼洒进行药浴，连续处理3d，每天药浴时间在8h以上。

（四）白便症

病原为大菱鲆弧菌和溶藻胶弧菌。病鱼体色变暗，腹部下凹，不摄食或吞食后吐出，挤压腹部可见白便从肛门流出，有时肛门处拖带稠的白色粪便。防治方法为：①加强吸污和换水，清除池底污物。②勿投喂不新鲜的冰冻杂鱼，防止病原体的侵入。③池底较脏时可移池或使用"氧立得"等强氧化剂处理，使池中有机物氧化。④用"高浓度复合戊二醛"全池泼洒进行药浴，连续处理3d，每天药浴时间在8h以上。同时在饵料中添加"鱼病康"和"鲆服康"内服，每日2次，连喂5~7d为一个疗程。

第三节　红鳍东方鲀的高效养殖与疾病防治技术

一、红鳍东方鲀的生物学

（一）形态特征

红鳍东方鲀（*Takifugu rubripes*）是大型鲀类（图7-4），体长一般在350~450mm，最大可达800mm，体重10kg以上。初次性成熟雄性350mm、雌性360mm。体亚圆筒形，背面和腹面被小棘。上下颌各具2个喙状牙板。体侧皮褶发达。背面黑灰色，胸斑后方具黑色斑纹多条。臀全部白色。

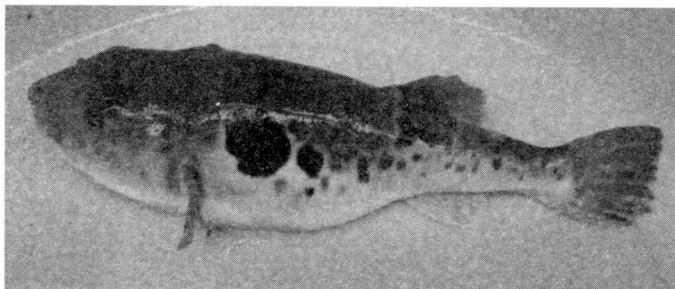

图7-4　红鳍东方鲀（引自《中国渔业报》，2022）

（二）生活习性

该鱼为暖温带及热带近海底层鱼类，栖于近海海洋，有少数进入淡水江河中。幼鱼常在沙泥底质的近海区域活动，游入河口域或汽水域，一年后则移往外海区栖息。成鱼于秋季时向外海洄游越冬，春季初再向近岸洄游。最适温为 14～25℃，属于广盐性鱼类。游动缓慢，受惊吓时会吸入大量空气或水，将鱼体鼓胀成圆球状，同时皮肤上的小刺竖起，借以自卫，以吓退掠食者。

二、红鳍东方鲀的养殖及饲料

（一）红鳍东方鲀的养殖条件

1. 养殖场地的选择

池塘面积以 10～50 亩为宜，并配套有单独的进排水闸各 1 处，每个池塘备有水泵。池塘要彻底清除淤泥，特别是多年养殖用的旧池塘，苗种放养前要严格清除多年积累的腐殖质和硫化氢等有害物质，并用消毒药物处理晒干后再进水，水深保持在 1.8m 以上为好。

养殖海区要求水质清新，溶氧丰富，无赤潮发生，无污染物及污水流入，以避风的内湾为好，透明度要求 7～8m，流速以 10cm/s 为佳，最适水温为 16～23℃。

2. 苗种放养

（1）苗种质量：外观看，无论是多大规格的苗种，其体质要求健壮、活力强、肥满度大、色泽鲜亮、无畸形、规格整齐。

（2）放养密度：规格为 800～1000 尾/kg 的苗种，放养密度为 4000～5000 尾/亩；规格为 0.5kg/尾的苗种，放养密度为 80～100 尾/亩；规格为 0.7kg/尾的苗种，放养密度为 60～80 尾/亩。

（3）苗种消毒：苗种经过高密度的温室越冬，于放养前必须用甲醛溶液消毒鱼体后，方可入池。

3. 水质管理

良好的水环境，可以使鱼体生长快、发病率低而饲料利用率高。在红鳍东方鲀养殖过程中，大潮期间每隔3天换水100%以上，小潮期间可以根据情况添加一定的新鲜海水，特别是在高温季节更要加大换水量，以保证池水中有足够的溶解氧。

（二）红鳍东方鲀的饲料投喂

成鱼养殖期，饲料的投喂是成败的关键。饲料多采用冷藏的杂鱼或从港口收购的新鲜杂鱼，每周增加投喂1次杂虾，以调节鱼体所需的营养成分。红鳍东方鲀对维生素需求量较大，易出现维生素缺乏症，应适量添加维生素 B_1 和 E（1kg饲料加1g）。正常情况下，投喂量为养殖鱼体重的 5%~7%，在高温季节可以适当减少投喂量；为了降低饵料的浪费和便于观察，可在池塘中设点投喂，以根据实际情况随时增减投喂量。养殖饲料配方可参考表 7-3。

表 7-3　红鳍东方鲀饲料配方（郭斌，2018）

饲料原料	添加比例/%	饲料原料	添加比例/%
鱼粉	60.00	胆碱	1.00
谷朊粉	1.00	鱼油	4.00
玉米蛋白粉	2.00	磷酸二氢钙	1.50
豆粕	2.00	维生素预混料	0.2
小麦粉	26.30	矿物质预混料	0.5
磷脂	1.00	维生素C	0.5

三、红鳍东方鲀的常见疾病防治技术

（一）刺激隐核虫病

刺激隐核虫又称海水小瓜虫，是红鳍东方鲀常见的寄生虫病，海水小瓜虫病又名海水白点病，是一种传染性疾病，如果不及时治疗很容易引起全池鱼感染死亡。防治方法：定期用 1mg/L 硫酸铜和 0.4mg/L 硫酸亚铁混合使用。

刺激隐核虫病
红鳍东方鲀

（二）盾纤毛虫病

目前，河鲀鱼盾纤虫病的病原体为贪食迈阿密虫、水滴伪康、盾纤虫，又称指状拟舟虫或未定种。因盾纤毛虫具有极强的抗药性，目前只能对该病进行预防，将水温稳定在 20℃ 以上，及时捞出患病鱼，鱼患病期间禁止投喂冰鲜饵料。

（三）白口病

病毒性疾病中危害最大的是白口病。症状是口唇部发黑，逐渐溃疡白化，上下颌的齿露出，呈现口腐状，同时内部伴随着肝脏瘀血，出现二次病变的线状血痕。根据病鱼的血液性状检查发现部分血液酶活性上升，引起肝机能障碍，且对病灶部位检查未发现有细菌，也无致病寄生虫。实验感染和病理组织学研究结果表明，感染途径是互相残杀引起的接触感染和经水传播。

第四节　石斑鱼的高效养殖与疾病防治技术

一、石斑鱼的生物学

（一）形态特征

石斑鱼亚科（Epinephelidae），属于鮨科的一种鱼类（图 7-5）。

石斑鱼广泛分布于热带和亚热带海域，我国主要分布于台湾海峡以及南海海域。体一般呈椭圆或长椭圆形，侧扁；头长大于体高；背鳍鳍棘部强大，与鳍条部相连，背鳍鳍棘 7~11 根，鳍条 10~21 根；臀鳍鳍棘 3 根，一般第 2 根最为强大，臀鳍鳍条数 7~13 根；胸鳍宽大，位低，一般呈圆形；腹鳍位于胸鳍下方；口大，两颌齿内行齿倾倒；体被小栉鳞；侧线达尾鳍基部；尾鳍圆形、截形或凹形。不同种类的石斑鱼体型差异较大，30% 以上的石斑鱼种类体长可达 1m 以上，超大体型者可超过 2m，如鞍带石斑鱼（*E. lanceolatus*）、伊氏石斑鱼（*E. itajara*）、东太平洋石斑鱼（*E. quinquefasciatus*）等，而体型小者甚至小于 20cm，如红鳍九棘鲈（*Cephalopholis aitha*）、短身石斑鱼（*E. trophis*）、多斑九棘鲈（*C. polyspila*）等。石斑鱼属（*Epinephelus*）作为石斑鱼亚科中种类最多的属，其体型大小变化较大，从小型到大型均有分布；而另一种类数较多的九棘鲈属（*Cephalopholis*）除了红九棘鲈（*C. sonnerati*）外都是体长小于 50cm 的小型石斑鱼。此外，石斑鱼类的仔稚鱼发育过程中存在背鳍鳍棘和腹鳍鳍棘显著延长及收缩的现象，这是石斑鱼类发育过程中较为独特的一个特征。

图 7-5 石斑鱼（引自《中国渔业报》，2022）

（二）生活习性

石斑鱼为底栖性鱼类，其成鱼主要栖息于珊瑚礁及近岸岩礁区域，也有部分栖息于底质为沙质、泥质或淤泥质的海域，如青铜石斑鱼（*E. aeneus*）、褐石斑鱼（*E. bruneus*）及宝石石斑鱼（*E. areolatus*）等，其幼鱼则偏爱选择海草床、红树林等生境。石斑鱼类一般栖息于100m以内浅的水域，如白线光腭鲈（*Anyperodon leucogrammicus*）和横带九棘鲈（*C. boenak*）等，也有一些种类栖息于100~200m的水层中，如橙点九棘鲈（*C. aurantia*）。大多数石斑鱼为独居性鱼类，除了在繁殖期集群外一般不成群，但也有些种类的生活方式为一尾雄鱼和若干尾雌鱼组成的小群体，如横带九棘鲈和青星九棘鲈（*C. miniata*）。一些研究表明石斑鱼类通常可在特定的礁区定居较长的一段时间，这种定居习性及较长的生活史等特征使石斑鱼类易受到过度捕捞的影响。

二、石斑鱼的养殖及饲料

（一）石斑鱼的养殖

石斑鱼成鱼养殖的方式主要有网箱养殖、池塘养殖两种，以网箱养殖较为普遍。网箱养殖石斑鱼是一种集约化的养殖方式，放养密度高，便于管理，生产效益较高，所以发展很快。在介绍成鱼养殖技术时，以网箱养殖为主，池塘养殖和室内水泥池养殖可参考网箱养殖。

1. 养殖条件

养殖海区的环境应具备如下条件：避风条件好，波浪不大，不受台风袭击；沙质底、砾质底、礁石质底为好，低潮时水深应在4m以上；潮流畅通，流速适中，网箱内流速保持在0.20~0.75m/s为好；冬季最低水温不低于15℃，22~28℃水温天数不少于200d；水质清新，石斑鱼对盐度的适应范围较广，在 11~41 都能生存，最适条件为盐度 25~32，pH 为 7~9，溶氧量在 5mg/L 以上；不受工农业废水、城镇污水的污染，暴雨季节无大量淡水流入，盐度不低于 16，透明度在 1.5m 以上；交通条件好，活鱼运输、饲料供应方便。

2. 放养规格及密度

放养密度与养殖海域的流速有很大的关系。流速平缓的海域面积可以较大，反之亦然。一般一只 3m×3m×3m 的网箱，放养鱼种规格在 50g/尾以下的每箱可投放 2500 尾左右，规格在 150g/尾以下的每箱 1000 尾左右。在水温为 25℃的条件下，海水网箱养殖石斑鱼的放养密度为 60~70 尾/m³ 为好。在生产实践中，采用 3m×3m×3m 的网箱养殖约 500 尾鱼。结果表明，放养密度为 15 尾/m³ 和 30 尾/m³ 时石斑鱼的生长较快。当放养密度增加到 60 尾/m³ 时生长速度与前者相近，无显著性差异。但当放养密度增加到 120 尾/m³ 时，尾增率降低，饵料系数增加，存活率明显下降，证明 60 尾/m³ 的放养密度较为适宜。

（二）石斑鱼的饲料

石斑鱼属肉食性鱼类，投喂用的主要饲料是鲜度较高的小杂鱼。可将新鲜的杂鱼与石斑鱼饲料混合配比进行饲养。应按照鱼体大小，将杂鱼切成小块，冰冻鱼需确保其彻底解冻，再进行投喂。实践表明，石斑鱼对饲料的软硬程度、颜色和口味等适口性要求较高，喜食软颗粒、色浅且明亮的饲料，颗粒过硬则有吐食现象，其对软颗粒饲料的适应性明显优于硬颗粒饲料。从投喂小杂鱼到改喂人工配合饲料有一个较长的适应过程，投喂配合饲料前要进行摄食驯化。石斑鱼对饲料颗粒大小有特殊的要求。投喂成鱼时，颗粒饲料的粒径不宜小于 6mm，颗粒太小食欲不高。石斑鱼养殖饲料可参考表 7-4。

表7-4　石斑鱼饲料配方（安贸麟，2018）

饲料原料	添加比例/%	饲料原料	添加比例/%
鱼粉	60	矿物质预混料	2.5
酪蛋白	5	鱼油	4.5
虾粉	2	豆油	2
小麦粉	20.50	羧甲基纤维素	1
维生素预混料	2.5		

三、石斑鱼的常见疾病防治技术

（一）神经坏死病毒病

该病的病原为石斑鱼神经坏死病毒（RGNNV型）。病鱼常漂浮于水面或沉于池底，并且泳姿不协调，部分鱼体色发黑，肚子胀气、不摄食、反应迟钝、活力差等。在病鱼的中枢神经系统和视网膜引发空泡化病灶。防治方法：目前无特效药，也暂无商品化疫苗。可通过规范常规管理措施，用药物清洗受精卵，减少应激因素，内服营养品来预防。

（二）真鲷虹彩病毒病

该病病原为真鲷虹彩病毒（RSIV）Ehime-1毒株及其他基因型、传染性脾肾坏死病毒（ISKNV）。病鱼表现出不活泼，严重贫血，鳃上有瘀斑、脾肿大，一般体色发黑，局部有溃烂、出血，肝脏、脾脏、头肾等处增生肿大。幼鱼到成鱼均易感，幼鱼易感性高于成鱼。防治方法：可加强日常管理措施，使用商品化疫苗，内服营养保健品。

本尼登虫

（三）本尼登虫病

本尼登虫病病原主要为新本尼登类虫，该虫寄生在石斑鱼的皮肤上，尤其是背部的前半段，多时一条鱼体上可寄生数百只。该虫能在鱼体上爬动，寄虫多时，鱼在水中焦躁不安，与网或池壁摩擦，体表受伤，感染细菌发炎，分泌大量黏液，严重时贫血，消瘦，体表溃烂，最后死亡。防治方法：①在淡水中浸浴 3~5min，虫体即可脱落死亡。虫卵须淡水浸 40min 才能杀死，所以浸浴过的淡水不能倒入养鱼水体中。浸浴时在淡水中加入抗菌素等药物，以防鱼体在浸浴时受伤而被细菌感染。②用 0.05% 福尔马林海水溶液药浴 4min，或用 0.025% 福尔马林海水溶液药浴 10min。

（四）刺激隐核虫病

病原为刺激隐核虫，寄生在鱼的头部、皮肤、鳍、鳃、口腔及眼睛等处，形成白色小点状的囊泡；大量寄生时，使鱼体全身布满小白点，故又称白点病；与此同时，引起鱼体充血，刺激寄生部分分泌出大量黏液；病鱼呼吸困难，并将身体与池内的固体物摩擦，表皮往往糜烂、脱落，鳍的软组织崩解，最后游动缓慢乏力，不吃食而死。当小瓜虫寄生于眼睛上时，可引起眼睛发炎、失明。防治方法：①合理放养，加强饲料管理，掌握好水质，增强鱼体抗病力。②发现死鱼要及时捞除。因病鱼死亡后 3~4h，寄生于鱼体上的小瓜虫会全部脱离鱼体进入水中，并进行大量繁殖，引起更大规模的感染。③用 0.001‰ 的硫酸铜和 0.1‰ 的福尔马林溶液连续处理 3d。

第五节　卵形鲳鲹的高效养殖与疾病防治技术

一、卵形鲳鲹的生物学

（一）形态特征

卵形鲳鲹（*Trachinotus ovatus*），是鲹科鲳鲹属鱼类，地方名称金鲳、鲳鲹、红三黄腊鲳（图7-6）。卵形鲳鲹体高而侧扁，尾柄细短，侧扁，头小，枕骨嵴明显；吻钝，前端几截形，吻长大于眼径，头部除眼后部有鳞外，余均裸露，体和胸部鳞片多埋于皮下；背部蓝青色，腹部银色，体侧无黑点，奇鳍边缘呈淡黑色。

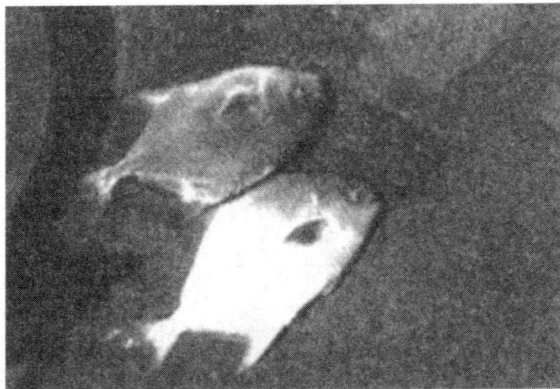

图7-6 卵形鲳鲹

（引自《卵形鲳鲹的人工繁育技术》，2007）

（二）生活习性

卵形鲳鲹是一种暖水性中上层洄游鱼类，在幼鱼阶段，每年春节后常栖息在河口海湾，群聚性较强，成鱼时向外海深水移动。卵形鲳鲹为肉食性鱼类，仔、稚鱼摄食各种浮游生物和底栖动物，以桡足类幼体为主；稚、幼鱼取食水蚤、多毛类、小型双壳类和端足类；幼、成鱼以端足类、双壳类、软体动物、蟹类幼体和小虾、小鱼等为食。该鱼分布于印度洋、太平洋、大西洋热带和温带的海域。其适温范围为16~36℃，生长的最适水温为22~28℃，该鱼属广盐性鱼类，适盐范围3‰~33‰，盐度20‰以下生长快速，在高盐度的海水中生长较慢。该鱼耐低温能力差，昼夜不停地快速游泳，每年 12 月下旬至次年 3 月上旬为其越冬期。通常当水温下降至 16 ℃以下时，卵形鲳鲹停止摄食，存活的最低临界温度为 14℃，2d 的 14℃以下温度累积出现死亡。

二、卵形鲳鲹的养殖及饲料

（一）卵形鲳鲹的养殖

卵形鲳鲹具有抗病能力强、生长速度快、不相互残食等优点，适于池塘养殖，可单养也可混养，也适于网箱养殖。

（1）池塘：土池，单池面积 0.7~1.0hm²，水深 1.4m 以上，设有进、排水闸，配有增氧机。投苗前对池塘进行常规消毒。

（2）种苗：4~5 月投放鱼苗，每 667m² 水面投放 650 尾，规格为体长 2.5~3.0cm。投放鱼苗前第 5 天和投放鱼苗后第 10、第 25 天，分别投放南美白对虾（凡纳对虾）苗 2.5 万、4.0 万、3.5 万尾（3 批共投放 10 万尾），规格均为体长 0.8~1.0cm。

（3）水质管理：定期注排水，鱼苗体长小于 10cm 时，每天添水 1 次，保持水深 1.4m；鱼苗体长 10~15 cm 时，每 1~2 天换水 1 次，每次换水量为原池水的 1/3；鱼苗体长超过 15cm 时，每 4~5 天换水 1 次，每次换水量为原池水的 1/2。定期抽查养殖对象，根据其体长的变化调整饲料投喂率，如发现病害则及时施治。

（二）卵形鲳鲹的饲料

以该鱼为投喂对象，使用膨化配合饲料，白天投饲，初期（鱼苗体长 5cm 以下）每天投喂 4~5 次，中后期（鱼苗体长 5cm 以上）每天投喂 3 次，分别在 6：00、11：00 和 16：00；日投喂量为存池鱼体重的 2%~5%，在此投喂率范围内，养殖对象个体小时投喂率高些，个体大时投喂率低些。水温 24~28℃时投喂率高些，低于

24℃或高于28℃时投喂率低些。养殖过程中，卵形鲳鲹取食膨化配合饲料，也取食南美白对虾苗和池塘中的端足类等底栖动物。南美白对虾在幼虾期主要取食池塘中的浮游生物，成虾期主要取食沉落池底的残余饲料、有机碎屑和腐殖质等。卵形鲳鲹养殖饲料配方可见表7-5。

表7-5 卵形鲳鲹饲料配方（岳茹，2023）

饲料原料	添加比例/%	饲料原料	添加比例/%
鱼粉	20.00	大豆卵磷脂	1.0
大豆浓缩蛋白	8.00	氯化胆碱	0.5
豆粕	18.00	抗氧化剂	0.1
花生粕	9.0	维生素预混料	0.5
猪肉粉	10.0	矿物质预混料	0.5
啤酒酵母	5.0	微晶纤维素	0.5
小麦粉	21.9	磷酸二氢钙	0.5
鱼油	4.5		

三、卵形鲳鲹的常见疾病防治技术

（一）鱼类病毒性神经坏死症

该病病原为鱼类神经坏死病毒，对鱼苗和幼鱼致死率达90%以上，对成鱼的致死率也很高。病鱼体表发黑、厌食、反应迟钝、旋转状游动、静止时腹部朝上或漂游于水面。病鱼内脏器官无腹水、颜色变白、溃疡等异常现象出现。防治方法：①在种苗孵化中，应注意对受精卵、育苗池和器具等进行消毒处理，确保育种过程无病毒感染。②加强苗种检疫，如通过RT-PCR法、实时荧光RT-PCR等方法进行检测，选择购买健康无病毒苗种。

（二）诺卡氏菌病

发病时间主要是水温较低的春季和冬季，发病率20%～60%，平均死亡率约20%。鲫鱼诺卡氏菌感染在苗期或初期通常是隐性的，极不易被发现。感染和发病过程极其漫长，通常在成鱼期才出现典型症状和显著危害。防治手段：目前此病尚无有效治疗措施。养殖密度高、受寄生虫感染的卵形鲳鲹更易患此病，且致死率更高。因此，养殖生产中可通过降低放养密度、避免鱼体损伤、做好寄生虫预防工作等措施预防此病。

（三）本尼登虫病

该病症状为病鱼厌食、游泳缓慢、经常侧翻或摩擦池壁池底、体表黏液分泌较多、局部出现白斑或呈暗蓝色、眼睛充血，鳍条溃烂，在鱼的体表、鳍、眼、鼻和鳃腔等部位可见白色透明、芝麻粒大小的寄生虫体。防治方法：①经常更换网具，换网时结合使用高锰酸钾消毒，以杀死附在网衣上的虫卵。②晶体敌百虫挂瓶于网箱中驱虫。③可每隔15d用淡水浸泡一次，以控制虫体的流行。④网箱养殖病鱼的治疗，可浸浴于充氧的淡水或福尔马林溶液。

（四）车轮虫病

该病症状为鱼摄食减少，晚间活动加剧并在水面上跳跃，体表明显布满白斑、有大量的黏液。显微镜下观察，表皮、鳃丝和肠壁均发现有车轮虫寄生，表皮白斑处车轮虫数量尤其多。防治方法：对养殖池的池底、水源以及使用的工具等要彻底消毒、定期使用杀虫剂。发病期间，及时捞出死鱼，防止交叉感染。加强换水，将氯氰菊酯溶液稀释后，全池均匀泼洒。

参考文献

[1] 谢正丽，宋炜，熊逸飞.大黄鱼绿色高效网箱养殖技术［J］.中国水产，2021（9）：68-72.

[2] 邹国华，宋炜，谢正丽.大黄鱼深远海大型围栏养殖技术［J］.中国水产，2021（6）：57-60.

[3] 油九菊，夏枫峰，潘丽莎，等.网箱养殖大黄鱼投喂配合饲料试验［J］.科学养鱼，2021（7）：68-69.

[4] 朱婉晴.饲料中不同豆粕含量对大黄鱼生长、消化、免疫功能和肠道健康的影响［D］.福州：福建农林大学，2022.

[5] 陈艳，吴思伟，胡续雯，等.网箱养殖大黄鱼的病害防治［J］.江西农业，2016（15）：111-112.

[6] 全国水产技术推广总站，中国水产学会.中国常见外来水生动植物图鉴［M］.北京：中国农业出版社，2020.

[7] 张丽，李文全，张伟.大菱鲆健康养殖技术措施［J］.河北渔业，2012（10）：24-25.

[8] 中国水产研究院大菱鲆专家组.大菱鲆养殖技术之一 大菱鲆健康养殖技术指南［J］.中国水产，2007（1）：50-57.

[9] 高学政，张配瑜，史雪莹，等.饲料中复方中草药对大菱鲆生长、饲料利用及非特异性免疫的影响［J］.水生生物学报，2022，46（2）：257-264.

[10] 孙玉华，丁军.大菱鲆工厂化养殖常见疾病防治技术［J］.中国水产，2015（12）：84-85.

[11] 马爱军，李伟业，王新安，等.红鳍东方鲀养殖技术研究现状及展望［J］.海洋科学，2014，38（2）：116-121.

[12] 王广军，任保振.红鳍东方鲀网箱养殖技术［J］.渔业致富指南，2001（13）：33-34.

[13] 邹胜利，姜景田，李秋.河豚养殖技术之二：土池养殖红鳍东方鲀技术要

点 [J]. 中国水产, 2004 (11)：56-57.

[14] 郭斌, 梁萌青, 徐后国, 等. 饲料中添加牛磺酸对红鳍东方鲀幼鱼生长性能、体组成和肝脏中牛磺酸合成关键酶活性的影响 [J]. 动物营养学报, 2018, 30 (11)：4580-4588.

[15] 张涛, 徐思祺, 宋颖. 红鳍东方鲀的病害防治简述 [J]. 科学养鱼, 2017 (6)：65-67.

[16] 梁友, 李良健, 李建海. 细点石斑鱼工厂化人工繁育及养殖技术（上）[J]. 科学养鱼, 2023 (6)：13-14.

[17] 梁友, 李良健, 李建海. 细点石斑鱼工厂化人工繁育及养殖技术（中）[J]. 科学养鱼, 2023 (7)：11-12.

[18] 丁少雄, 刘巧红, 吴昊昊, 等. 石斑鱼生物学及人工繁育研究进展 [J]. 中国水产科学, 2018, 25 (4)：737-752.

[19] 安贸麟, 范泽, 王庆奎, 等. 豆粕替代鱼粉对点带石斑鱼生长、消化和抗氧化能力的影响 [J]. 江苏农业科学, 2018, 46 (16)：128-132.

[20] 高吉强. 浅谈青石斑鱼病害综合防治技术 [J]. 农业与技术, 2014, 34 (11)：181-182.

[21] 陈晖, 蔡孝义, 余晓薇. 石斑鱼主要病害与防治 [J]. 畜禽业, 2018, 29 (1)：9-11.

[22] 彭志东. 卵形鲳鲹的人工繁育技术 [J]. 内陆水产, 2007 (9)：14-15.

[23] 李远友, 李孟孟, 汪萌, 等. 卵形鲳鲹营养需求与饲料研究进展 [J]. 渔业科学进展, 2019, 40 (1)：167-177.

[24] 刘楚斌, 陈锤. 卵形鲳鲹的生物学与养殖技术 [J]. 齐鲁渔业, 2009, 26 (6)：32-33.

[25] 李样红, 彭树锋, 周全耀, 等. 卵形鲳鲹深水网箱养殖技术研究 [J]. 科学养鱼, 2014 (5)：44-45.

[26] 岳茹, 黄小林, 谭小红, 等. 酶解鸡血球蛋白粉替代鱼粉对卵形鲳鲹（*Trachinotus ovatus*）幼鱼生长性能、抗氧化能力、免疫力及肠道菌群的影

响 [J]. 动物营养学报，2023，35（3）：1910-1925.

[27] 韦栋，李玉壮，李英. 卵形鲳鲹网箱养殖与病害防治技术 [J]. 当代水产，2013，38（6）：87.

[28] 夏立群，黄郁葱，鲁义善. 卵形鲳鲹主要病害及其研究进展 [J]. 安徽农学通报（上半月刊），2012，18（23）：140-143，150.